Transition vers les énergies renouvelables
au Cameroun

Quelques idées innovantes pour les villes

Sous la direction
Esoh ELAMÉ et George ELAMBO NKENG

Transition vers les énergies renouvelables au Cameroun

Quelques idées innovantes pour les villes

L'Harmattan
Cameroun

Du même auteur

Pédagogie postcoloniale, l'Harmattan, Paris, 2016, 263 p.

Pensée négro-africaine et représentations sociales, l'Harmattan, Paris, 2016, 341 p.

La ville durable interculturelle, l'Harmattan, Collection Études postcoloniales du développement durable, Paris, 2016, 247 p. ISBN-10 : 2343106037, ISBN-13 : 978-2343106038

Nuovi lineamenti della pedagogia interculturale: tratta degli esseri umani, crimini d'onore, matrimoni forzati. 2013, p. 1-180, MILANO: Franco Angeli

Pedagogia interculturale. p. 1-224, LECCE : Pensa MultiMedia, 2012, ISBN : 978-88-8232-961-7

Prevenire la violenza giovanile. Il contributo della Pedagogia sociale. p. 1-328, LECCE : Pensa MultiMedia, 2012, ISBN : 978-88-6760-031-1

Discriminatory bulling. A new intercultural challenge. p. 1-390, Springer Milano, 2012, ISBN : 978-88-470-5234-5

5-7, rue de l'École-polytechnique, 75005 Paris

http://www.editions-harmattan.fr

ISBN : 978-2-343-23309-3
EAN : 9782343233093

SOMMAIRE

LISTE DES FIGURES

LISTE DES TABLEAUX

INTRODUCTION GÉNÉRALE

Esoh ELAMÉ, George ELAMBO NKENG

Pour atteindre ses objectifs de développement comme le prévoit son document de planification stratégique à l'horizon 2035, le Cameroun a besoin d'une production énergétique importante. En 2018, le secteur de l'énergie au Cameroun est caractérisé par une offre très insuffisante malgré le fait qu'il soit un pays potentiellement riche en ressources énergétiques. Les potentiels importants gisements de gaz naturel, d'énergie hydroélectrique et autres formes d'énergies renouvelables, notamment le solaire, la biomasse, l'énergie éolienne dont il dispose, pour de multiples raisons, ne lui ont pas encore permis d'assurer son indépendance énergétique. Sa production d'énergie primaire entre 2014 et 2020 n'a pas beaucoup changé. En 2016, *« à peu près 3 000 localités sur 18 000 étaient électrifiées. En dépit des progrès accomplis au fil des années, 46 % des ménages (81 % en milieu rural et 12 % en milieu urbain) ne disposent toujours pas d'électricité »*[1]. De manière générale, l'électricité reste un produit de luxe pour des milliers de Camerounais auquel ne peuvent accéder les populations défavorisées. La question énergétique est désormais cruciale et exige une réflexion plus approfondie pour permettre un vrai décollage économique de ce pays qui a pourtant un fort potentiel de ressources naturelles.

À la lumière de toutes ces observations, il se développe depuis quelques années, des initiatives multiples provenant de plusieurs acteurs pour la promotion des énergies renouvelables au Cameroun. Fournies par le soleil, le vent, la chaleur de la terre, les chutes d'eau, les marées ou encore la croissance des végétaux, les énergies renouvelables (EnR)[2] sont par définition des énergies inépuisables. À l'échelle du temps humain, leur renouvellement naturel est assez rapide pour qu'elles puissent être considérées comme inépuisables et n'engendre

---

[1]- https://sustainabledevelopment.un.org/content/documents/21956Cameroon.pdf

[2]- Du point de vue de la physique, les expressions « source d'énergies renouvelables » ou « énergies d'origine renouvelable » sont plus correctes à utiliser. L'expression « énergie renouvelable », plus utilisée et très acceptée, est la forme courte et usuelle des expressions sources d'énergie renouvelable ou énergie d'origine renouvelable.

pas ou presque pas de déchets et d'émissions polluantes. Les différentes familles[3] des énergies renouvelables commencent à intéresser le monde de la recherche camerounaise et des acteurs de développement. Cet intérêt n'est qu'une bonne chose pour la vulgarisation des énergies renouvelables au Cameroun.

De ce point de vue, le présent ouvrage est le produit d'une intense coopération lancée en 2010 entre l'université de Padoue (Italie) et l'École nationale supérieure des Travaux publics de Yaoundé (Cameroun). Dans le cadre de cette coopération, un Master II de formation des ingénieurs camerounais ayant une parfaite maîtrise sur les énergies renouvelables a été mis en place. Cet ouvrage rassemble une partie des résultats des travaux de recherche réalisés par des Camerounais dans le cadre de cette coopération universitaire. L'ouvrage contient sept chapitres. Le premier chapitre est une contribution de Esoh Elamé et Sop Dimitri qui analyse la prise en compte des énergies renouvelables dans la Politique nationale d'Efficacité énergétique (PNEE) du Cameroun.

---

[3]- Il est communément admis qu'il existe cinq familles d'énergies renouvelables.
• Le solaire photovoltaïque : l'électricité est produite à partir de la lumière du soleil au moyen d'installations photovoltaïques. Celles-ci alimentent des sites isolés ou le réseau de distribution général.
• Le solaire thermique : on utilise des capteurs solaires pour produire de l'eau chaude sanitaire. Ce procédé peut aussi permettre le chauffage, notamment par le sol.
• L'éolien : entraînés par le vent, les aérogénérateurs fabriquent des dizaines de millions de mégawattheures. Cette électricité éolienne permet d'alimenter des sites isolés, mais aussi les grands réseaux de distribution. Les éoliennes mécaniques servent à pomper de l'eau dans de nombreux pays. Les centrales ne dépassant pas 10 MW de puissance constituent ce qu'on appelle la petite hydroélectricité. La force motrice des chutes d'eau est utilisée par des turbines installées sur les rivières et les fleuves pour générer de l'électricité. Les petites centrales avec les grands barrages et les usines marémotrices forment la filière hydraulique, deuxième source d'énergie renouvelable dans le monde.
• La biomasse : la biomasse (masse des végétaux) regroupe le bois, la paille, les rafles de maïs, le biogaz et les biocarburants. Le bois issu des déchets de la forêt ou des industries du bois est brûlé pour produire de la chaleur. Il représente 14 % de la consommation énergétique mondiale. Le biogaz est issu de la fermentation des déchets organiques. Sa combustion produit de la chaleur, mais également de l'électricité par cogénération. Les biocarburants proviennent de plantes cultivées (tournesol, betterave, colza…). Les plus courants sont le biodiesel, l'éthanol, et son dérivé, l'éthyle-tertio-butyle-éther (ou encore l'Etbe).
• La géothermie : cette énergie utilisant la chaleur du sous-sol, elle peut permettre de chauffer des locaux (avec une température moyenne ou faible), ou de produire de l'électricité par vapeur interposée (avec une température élevée).
Source : www.energies-renouvelables.org

Le deuxième chapitre traite de la production de l'électricité par gazéification des rafles de maïs à partir d'une étude de cas de la « Westend Farms PLC » à Batschenga. L'auteur Tchinda Tchinda William montre dans cette étude que la gazéification de 0,8 kg de rafles de maïs peut produire un kilowatt heure d'énergie électrique.

Le troisième chapitre rédigé par Tamo Claude est une étude de faisabilité pour la production de l'énergie à partir de la biomasse dans la commune de Campo au sud du Cameroun.

Le quatrième chapitre rédigé par Nafack Pascal Dejoli est également une étude de faisabilité sur la production de l'électricité à partir du biogaz issu des déchets municipaux de la ville de Yaoundé.

Le cinquième chapitre concerne aussi une étude de faisabilité, effectuée par Djeufidjo Temene sur la mise en place d'un système de pompage solaire pour irriguer un champ dans le village de Missolè au Littoral du Cameroun.

Dans le chapitre six, Teyou Ngoupo nous propose le dimensionnement d'un système de pompage photovoltaïque pour l'irrigation goutte à goutte et la maîtrise de l'eau et étude comparative avec un système classique. L'étude se fait dans la localité de Mbé dans le département de la Vina (Cameroun).

Esoh Elamé boucle l'ouvrage avec un septième chapitre qui propose une dizaine de solutions pour une transition réussie du Cameroun vers les énergies renouvelables.

Comme on peut le constater, les différents chapitres de l'ouvrage proposent des solutions pour la transition énergétique du Cameroun malgré l'absence d'un écosystème public d'innovation dans ce domaine. La programmation pluriannuelle de l'énergie du gouvernement camerounais ouvre peu de perspectives inédites pour la recherche appliquée endogène dans le domaine de la transition énergétique des villes. Les travaux de recherche ici présentés montrent très bien qu'une nouvelle feuille de route de la programmation pluriannuelle de l'énergie pour la prochaine décennie qui associe et encourage la recherche appliquée locale va incontestablement doper l'innovation dans le secteur.

Le ministère de l'Énergie est alors appelé à œuvrer pour la mise en place d'un écosystème dynamique de recherche appliquée camerounaise dans le domaine des énergies renouvelables. Une telle plate-forme aura une forte légitimité si elle rassemble en plus des laboratoires publics et privés de recherche dans le domaine des énergies renouvelables, l'ensemble de la communauté d'entrepreneurs, d'incubateurs et d'accélérateurs impliqués dans les énergies propres. C'est la solution pour développer un écosystème industriel camerounais dans le domaine des énergies renouvelables. Cela exige aussi pour un processus industriel abouti, développer des pôles de transition énergétique sous l'égide du ministère de l'énergie dans les villes.

Une conclusion d'Esoh Elamé boucle cette riche production scientifique et nous renvoie à une réflexion sur la place que doivent occuper les énergies renouvelables dans le développement local des villes camerounaises.

Références bibliographiques

ARSEL, (2014), « Politique nationale, stratégie et plan d'action pour l'efficacité énergétique dans le secteur de l'électricité au Cameroun », Yaoundé, 86 p.

Avila, N., Carvallo, JP., Shaw, B., Kammen., D. (2017). Le défi énergétique en Afrique subsaharienne ; Guide pour les défenseurs et les décideurs. Première partie : Produire l'énergie pour un développement durable et équitable. OXFAM Research Backgrounder.

Berahab, R. (2019), *Énergies renouvelables en Afrique : Enjeux, défis et opportunités* (No. 1905). Policy Center for the New South.

Bouba Oumarou, Ahmadou, (2014), *État des lieux et enjeux de l'efficacité énergétique au Cameroun*, Yaoundé, ARSEL, 12 p.

CEMAC, (2013), *Politique régionale pour un accès universel aux services énergétiques modernes et le développement économique et social 2014 - 2030*, Livre blanc, S.L., 104 p.

Kapseu, C., Djongyang, N., Nkeng, G. E., Petsoko, M., & Egbe, D. A. M. (2012), *Énergies renouvelables en Afrique subsaharienne*. Paris : Harmattan.

Tchouate, P. (2003), « Contribution des énergies renouvelables au développement durable du secteur électrique : Le cas du Cameroun ». *Thèse de Doctorat, Université Catholique du Louvain : Louvain, Belgique.*

Chapitre I

La place des énergies renouvelables dans la politique nationale d'efficacité énergétique (PNEE) du Cameroun

Esoh ELAMÉ

DICEA, Université de Padoue/Italie, Directeur du LaME/ENSTP, Yaoundé - Cameroun

Sop KOUASSEU

Chercheur associé au LaME, ENSTP/Yaoundé, Cameroun

Contexte

Le Cameroun avec ses 24 millions d'habitants (2017), fait partie des plus de 950 millions d'habitants de l'Afrique subsaharienne (2017) qui est reconnue être la région la plus pauvre du monde en électricité. La situation énergétique de l'Afrique subsaharienne globalement préoccupante est caractérisée par des réseaux électriques insuffisants, vétustes, obsolètes, avec des black-out permanents.

Avec son taux d'urbanisation anarchique actuelle et de croissance démographique exponentielle, il n'est pas exagéré de dire que si rien n'est fait, le nombre de Subsahariens qui vont vivre sans aucune garantie d'avoir accès à l'énergie pourra doubler d'ici 25 ans. Le Cameroun est pleinement concerné par la question. La proportion des ménages camerounais qui avaient accès à l'électricité en 2013 était estimée à 41 % (Tchatat, 2014). Son taux d'accès à l'électricité en 2017 selon le rapport de performance 2018 du ministère de l'Eau et de l'Énergie est estimé à 64 % (MINEE, 2019). Dans le triangle national camerounais, l'accès à l'électricité reste inégalement réparti, même parmi les personnes connectées au réseau électrique. Des millions de Camerounais, à cause de leur localisation géographique et du rationnement électrique, ne peuvent pas se permettre de consommer de l'électricité malgré leur connexion au réseau. Des millions de Camerounais sont connectés à un réseau électrique non fiable où prédominent des coupures intempestives de courant. Le retard technologique du Cameroun sur le plan énergétique est très important. Dans les faits, deux Camerounais sur trois n'ont pas accès aux services énergétiques modernes.

Le déficit en électricité du Cameroun empêche un développement harmonieux et rapide de son économie. Ce déficit en électricité fait référence à la fois à l'inadéquation entre l'offre et la demande dans les régions connectées au réseau électrique national. Le déficit énergétique du Cameroun a aussi des causes qui proviennent des idées reçues de certains hauts cadres camerounais chargés des questions énergétiques sur les énergies renouvelables. La persistance depuis plus de trois décennies du déficit énergétique montre aussi que les orientations prises en matière énergétique par le gouvernement du Cameroun ne sont pas suffisamment pertinentes pour rendre accessible l'électricité à moyen et à long terme à tous les Camerounais tout en contribuant aux objectifs de réduction des émissions de carbone.

Les solutions camerounaises n'impulsent pas une logique d'intervention qui fait de l'efficacité énergétique la pierre angulaire des choix énergétiques à faire, dans chaque contexte territorial avec un accent particulier qui est donné aux énergies renouvelables. Un accès universel à des services énergétiques modernes au Cameroun est donc une priorité qui s'inscrit pleinement en étroite ligne avec l'Agenda 2030. Il exige une transition énergétique qui est en marche dans le monde et que le Cameroun ne peut plus renvoyer. Le Cameroun ne s'est pas encore officiellement engagé dans un processus de transition énergétique se matérialisant par une loi sur la question et la croissance verte.

Si dans l'ensemble, le changement des comportements de consommation a été engagé par le protocole de Kyoto au niveau planétaire, il est impératif pour le Cameroun de se démarquer par des politiques publiques pertinentes en matière d'efficacité énergétique. Pour cela, il faut promouvoir l'efficacité énergétique et l'utilisation des énergies renouvelables dans les projets de développement, de construction des infrastructures et de lutte contre la pauvreté. Il est à relever que la capacité de production de l'énergie du Cameroun est confrontée à plusieurs défis majeurs à savoir : la croissance rapide de la population, l'urbanisation anarchique, l'industrialisation souhaitée et ses besoins en énergie et les impacts négatifs des changements climatiques dans les villes (augmentation des températures, sécheresses, inondations, pluies diluviennes, etc.).

On se posera donc la question de savoir si le Cameroun fait de l'efficacité énergétique une de ses principales préoccupations en matière de politique énergétique nationale.

À partir du moment où l'accès à l'énergie est le cœur de la lutte contre la pauvreté, principal défi actuel du Cameroun, il faut trouver des mesures pour combattre efficacement l'exclusion énergétique. Cette situation conduit des millions de Camerounais à utiliser des combustibles polluants (kérosène, bois, charbon de bois, déjections animales, etc.) pour cuisiner et avoir accès de manière générale à de l'énergie. Cette situation qui n'est plus acceptable nous amène aussi à dire que pour mettre fin à la pauvreté au Cameroun, il est impératif de lutter contre la pauvreté énergétique. On voit bien dans le contexte des villes et villages camerounais que ce sont les pauvres qui n'ont pas accès à l'électricité et sans électricité, ils se privent de l'éducation et ont davantage de risques de rester pauvres pendant plusieurs générations. Dans un contexte planétaire où l'objectif 7 des Objectifs de Développement durable (ODD) exige de garantir l'accès de tous à des services énergétiques fiables, durables et modernes, à un coût abordable d'ici 2030, l'État du Cameroun est donc dans l'obligation de revoir sa politique énergétique. Ainsi, nous formulons l'hypothèse selon laquelle le gouvernement camerounais dispose d'une PNEE qui focalise peu d'attention aux énergies renouvelables et au gaspillage énergétique. Sachant qu'il est en réalité nécessaire de lier l'efficacité énergétique à l'énergie renouvelable pour construire un modèle de consommation énergétique qui soit compatible avec la transition énergétique, la PNEE du Cameroun perd donc globalement en pertinence.

1. L'efficacité énergétique : un enjeu important pour l'économie camerounaise

La crise énergétique cyclique au Cameroun qui dure déjà plusieurs décennies a atteint des proportions inquiétantes qui ont hypothéqué l'avenir de plusieurs citoyens condamnés à vivre dans la pauvreté. Cette crise énergétique a conduit de manière inéluctable à l'augmentation du coût de l'énergie. L'impact est direct sur le budget des ménages pauvres et de la classe moyenne et des Petites et Moyennes Entreprises – PME – camerounaises. Pour résoudre définitivement cette crise énergétique, en mettant un terme au délestage récurrent et en garantissant l'accès à l'énergie à tous les citoyens, il ne faut pas seulement augmenter la capacité de production électrique du pays. Il faut aussi amorcer une transition énergétique qui introduit les énergies renouvelables dans les modes de consommation d'énergie au Cameroun. En outre, il faut sensibiliser les Camerounais à adopter des modes de consommation qui s'inscrivent dans les règles de l'efficacité énergétique. Cette dernière est la colonne vertébrale de la maîtrise des problèmes énergétiques.

1.1. L'efficacité énergétique : un concept dynamique

Selon Smart Grids[4],

> « En physique, l'efficacité énergétique désigne le rapport entre l'énergie utile produite par un système et l'énergie totale consommée pour le faire fonctionner. Cette terminologie est souvent plus largement utilisée pour désigner l'ensemble des technologies et pratiques qui permettent de diminuer la consommation d'énergie tout en conservant le même service final (« faire mieux avec moins ») ».

Plus généralement, d'après GDF SUEZ (2013, p. 2) « L'efficacité énergétique, c'est réduire la quantité d'énergie nécessaire pour un même service rendu. L'efficacité énergétique, en réduisant la demande de 40 %, peut éviter 2/3 des émissions de carbone ». En clair, l'efficacité énergétique renvoie à utiliser moins d'énergie et à réduire du même coup les émissions de gaz à effet de serre, protégeant de fait l'environnement. Pour le Livre blanc de l'efficacité énergétique de Schneider Electric, « en termes scientifiques, l'efficacité énergétique représente le rapport de l'énergie consommée sur l'énergie produite. » (2001, p. 13).

Il est bien de relever que la notion d'efficacité énergétique, très dynamique, s'inscrit parfaitement dans la Convention-cadre des Nations Unies sur les changements climatiques (CCNUCC) adoptée en 1992 à Rio de Janeiro. Le Groupe d'experts intergouvernemental sur l'évolution du climat (GIEC) a justement permis d'approfondir la réflexion sur les mécanismes de développement propre (MDP) finalisés à l'efficacité énergétique. Cette réflexion permet aujourd'hui de créer des installations plus propres que celles déjà en activité contribuant ainsi à l'atteinte des objectifs du Protocole de Kyoto[5]. Ce dernier a été

---

[4] http://www.smartgrids-cre.fr/index.php?p=efficacite-energetique-definition

[5] Le protocole de Kyoto initié en 1997 par la communauté internationale au titre d'une convention-cadre des Nations-Unies a été le point de départ d'un long processus qui a vu les pays industrialisés s'accorder officiellement pour diminuer leurs émissions de gaz à effet de serre. Le Protocole de Kyoto aura dû attendre 2005 pour être ratifié par 55 pays. L'objectif : représenter le poids politique de plus de 50 % des émissions

la première étape de la révolution écologique dans les politiques publiques mondiales en matière énergétique. Il renvoie à la sécurité énergétique, à un marché de l'énergie ouvert à tous les pays et à une certaine durabilité environnementale liée aux consommations énergétiques propres. La notion d'efficacité énergétique renvoie d'abord et avant tout à des solutions techniques, économiques, sociales, culturelles, politiques qui ont aussi une incidence sur le comportement des citoyens. Sa finalité principale est de réduire le gaspillage énergétique, une consommation non nécessaire de l'énergie dont les conséquences sur le réchauffement climatique et sur le développement durable sont irréversibles.

1.2. La position du Cameroun face à l'incontournable problème de l'efficacité énergétique

La question énergétique est plus que jamais au centre des préoccupations au Cameroun. Plus encore, elle devient l'un des premiers défis des politiques publiques en matière de lutte contre la pauvreté avec pour objectif d'amener tous les secteurs économiques, les entreprises comme les particuliers, le privé comme le public, à consommer moins d'énergie en évitant surtout le gaspillage énergétique.

L'exclusion sociale dans les villes camerounaises coïncide avec une précarité énergétique que Pelletier définit de la manière suivante : « Est en situation de précarité énergétique [...] une personne qui éprouve dans son logement des difficultés particulières à disposer de la fourniture d'énergie nécessaire à la satisfaction de ses besoins élémentaires en raison de l'inadaptation de ses ressources ou de ses conditions d'habitat. » (Pelletier, 2009, p. 8). De nombreux ménages camerounais consacrent une partie importante de leurs revenus au paiement des dépenses énergétiques. Plusieurs ménages éprouvent des difficultés et sont parfois dans l'incapacité d'avoir accès à l'énergie. Les ménages les plus pauvres consacrent une part importante de leurs

---

mondiales de gaz à effet de serre – GES –, et contraindre les pays signataires à une réduction significative. Depuis lors, chaque année, les pays membres se réunissent pour statuer sur les actions à mener pour enrayer les changements climatiques. Conformément au protocole initial, les pays industrialisés (les pays sous-développés signataires n'ayant pas à fournir d'effort économique pour diminuer leurs émissions de GES) se sont engagés à réduire leurs émissions de GES.

revenus à l'énergie. Dans les villes camerounaises, il existe des réalités très différentes de précarités énergétiques, liées à des causes multiples.

Plusieurs familles camerounaises sont dans la situation de pauvreté énergétique, car contraintes de renoncer malgré elles à l'électricité et aux autres formes de chaleurs. La transition du Cameroun vers un modèle énergétique centré sur l'efficacité énergétique pourra conduire à réaliser des économies d'énergie et à atténuer les impacts de la production et de l'utilisation de l'énergie sur l'environnement. Par ailleurs, Kitio souligne qu'en Afrique :

> « La demande d'énergie augmente chaque année en moyenne de 8 % contre une offre presque stable d'environ 1 %, créant un déficit énergétique énorme qui est compensé par l'importation des groupes électrogènes. Il est donc nécessaire de promouvoir des mesures alternatives pour faire face au déficit énergétique tout en répondant au défi climatique. » (Kitio, 2015, p. 4).

Au Cameroun, il n'est pas possible de dire au stade actuel que l'efficacité énergétique soit un choix orientant l'économie vers le développement durable. Les politiques publiques énergétiques mises en place de notre point de vue ne disposent pas d'un bon cadre réglementaire et ne prennent pas systématiquement en compte les enjeux environnementaux. Il est difficile dans le contexte actuel de dire que l'efficacité énergétique est perçue par les décideurs comme une solution incontournable qui améliore l'accès à l'énergie en réduisant la précarité énergétique, tout en contribuant à la lutte contre le changement climatique, à l'amélioration de la santé humaine et à la création d'emplois. Une prise de conscience de la question sous une approche de mise en place d'une économie peu carbonée compatible avec les orientations générales de l'Agence internationale de l'Énergie (AIE), le Groupe d'Experts intergouvernemental sur l'Évolution du Climat (GIEC), n'est pas une priorité du gouvernement camerounais.

Le Livre blanc de la Communauté des États de l'Afrique centrale – CEEAC – et de la Communauté économique et monétaire de l'Afrique centrale – CEMAC – sur la politique régionale pour un accès universel aux services énergétiques modernes et le développement économique et social pour la période 2014 - 2030, « repose[nt] sur une vision commune de la CEEAC et de la CEMAC afin d'assurer à l'horizon 2030, l'accès universel aux services énergétiques modernes pour les populations, en vue de l'émergence de l'Afrique centrale et le développement humain durable » (2014, p. 11).

Le Conseil français de l'Énergie va plus loin en affirmant que : « l'efficacité énergétique contribue à résoudre le trilemme énergétique, c'est-à-dire la sécurité énergétique, l'atténuation des impacts sur l'environnement et la justice sociale. » (Conseil français de l'Énergie, p. 11). L'efficacité énergétique améliore alors globalement l'accès à l'énergie ainsi que sa bonne gestion. Au-delà des solutions techniques, l'enjeu avec l'efficacité énergétique est surtout de bien gérer le service, d'éviter le gaspillage de l'énergie, d'anticiper les besoins à long terme pour éviter les crises et d'améliorer le taux d'accès. L'efficacité énergétique peut être résumée comme le fait de fournir plus de résultats et de services en utilisant le même apport énergétique. À titre d'exemple, l'EEA[6] (Agence européenne de l'Énergie) précise que : « nous obtenons la même intensité de lumière en utilisant des ampoules LED, mais elles consomment environ 80 % d'énergie en moins que les ampoules à incandescence traditionnelle et ont une durée de vie nettement supérieure ». L'efficacité énergétique exige alors de s'orienter dans la conception et la réalisation d'infrastructures sobres en consommation d'énergie, d'assurer aux populations des services performants sur le plan de la consommation énergétique. La bonne gestion de la question énergétique au Cameroun exige que les secteurs public et privé puissent s'arrimer à des normes précises et contraignantes en matière d'épargne énergétique. Cela nécessite une bonne régulation et un suivi de politiques publiques exemplaires en matière d'efficacité énergétique.

1.3. Typologie d'efficacité énergétique

La caractérisation de l'efficacité énergétique se fait en identifiant les secteurs dans lesquels il est possible de l'améliorer et de ralentir l'augmentation de la demande énergétique que nous considérons comme des gisements de l'efficacité énergétique. Ainsi, le Conseil français de l'Énergie[7] a défini plusieurs secteurs.

1) L'efficacité énergétique dans le secteur de l'industrie. Le secteur de l'industrie englobe un large éventail de sous-secteurs avec différentes intensités énergétiques. Les politiques visant à améliorer l'efficacité énergétique dans l'industrie sont conçues dans un souci de flexibilité, en tenant compte des différents

---

[6]https://www.eea.europa.eu/fr/signaux/signaux-2017-1/articles/entretien-l2019efficacite-energetique-est-benefique.

[7]Le Conseil français de l'Énergie, 2013, Les politiques d'efficacité énergétique dans le monde – ce qui marche et ce qui ne marche pas, p. 11.

besoins de l'industrie. La mise en œuvre de mesures d'efficacité énergétique doit prendre en considération la concurrence mondiale, particulièrement en période de crise économique.

2) L'efficacité énergétique dans le secteur du transport. Le transport est l'un des secteurs dont il est difficile d'améliorer l'efficacité énergétique et de ralentir l'augmentation de la demande énergétique. On observe une tendance générale à une augmentation du transport routier qui s'explique par une forte préférence pour la mobilité individuelle et la recherche d'une plus grande souplesse. Les mesures d'efficacité énergétique dans le transport devraient se concentrer sur le transfert modal et le développement d'infrastructures alternatives de transport.
3) L'efficacité énergétique dans le secteur des bâtiments résidentiels et non résidentiels. Les bâtiments résidentiels et non résidentiels représentent le plus grand secteur d'utilisation finale d'énergie et la cible principale en matière d'efficacité énergétique. Les politiques ciblent à grande échelle les appareils électriques. La climatisation devient une priorité, car cette application d'utilisation finale croît très rapidement dans la plupart des pays émergents. Malgré tous les efforts déployés à ce jour, il existe encore un fort potentiel d'économie d'énergie, notamment dans le secteur des bâtiments existants.

Dans ce secteur des bâtiments, Schneider Electric (Schneider, 2001, p. 14) nous permet de distinguer l'efficacité énergétique active de l'efficacité énergétique passive en ce sens que : « L'efficacité énergétique passive est axée sur l'enveloppe du bâtiment et l'amélioration de son isolation », tandis que l'efficacité énergétique active : « combine une amélioration du rendement énergétique des équipements techniques du bâtiment (chaudière, produits blancs et bruns, éclairage, etc.) et une approche systémique et globale de gestion de l'énergie ». En d'autres termes, l'efficacité énergétique passive englobe toutes les actions de renouvellement ou d'amélioration du bâti et des systèmes énergétiques. L'efficacité énergétique active comprend toutes les actions d'optimisation des usages soit par l'intermédiaire d'instruments soit en agissant sur les comportements.

2. Cadre méthodologique

Dans le cadre de la réalisation du présent travail, nous avons utilisé la technique documentaire pour la collecte des données. Elle consiste en la lecture et la consultation d'un certain nombre de documents écrits chiffrés des ouvrages officiels et privés dans le but d'y puiser des éléments requis pour la recherche. Dans notre cas précis, le document analysé a été le plan national d'efficacité énergétique du Cameroun. Nous avons par la suite consulté d'autres travaux scientifiques, notamment les mémoires, les travaux de fin de cycle, les ouvrages, les articles, voire divers rapports administratifs, afin de mieux comprendre comment la question, objet de notre recherche, est globalement abordée dans les travaux scientifiques. Nous convenons avec Wasso Mbilizi (1971, p. 18) que cette technique qui nous a permis d'accéder à la documentation en rapport avec notre sujet est un moyen permettant au chercheur de rassembler les matériaux nécessaires dont il aura grandement besoin tout au long de son investigation.

3. Résultats et discussions

Pour comprendre si l'efficacité énergétique est une priorité pour le Cameroun, il a été question de vérifier si ce dernier fait de l'efficacité énergétique l'une de ses principales préoccupations en matière de politique énergétique nationale. Pour cela, il était question de comprendre si le Cameroun dispose des outils de bonne gouvernance de sa transition énergétique fondée sur l'efficacité énergétique, la promotion des énergies renouvelables, la lutte contre le gaspillage énergétique et la précarité énergétique.

3.1. Le Cameroun dispose d'une politique nationale d'efficacité énergétique et d'une stratégie d'efficacité énergétique

L'économie du Cameroun fait face depuis plusieurs décennies à la progression de la demande d'électricité dans tous les secteurs. Le secteur industriel souffre de l'insuffisance de l'électricité. Ce secteur pour atteindre une vitesse de croissance stable et importante susceptible de créer des emplois et contribuer à la lutte contre la pauvreté exige un approvisionnement fiable en électricité. Actuellement, il consomme la majeure partie des ressources électriques qui sont d'ailleurs insuffisantes. Il a aussi besoin de mesures d'incitation pour améliorer son efficacité sur le plan énergétique. Dans le contexte camerounais, on constate aussi que le service public a toujours été aux prises du déficit énergétique avec des écoles, certaines structures sanitaires, sans électricité surtout en zones rurales et dans les villes moyennes. Cette situation rend les écoles et les centres hospitaliers moins productifs au point d'offrir des services de mauvaise qualité. La réponse à la demande importante en électricité dont le Cameroun a besoin pour lutter contre la pauvreté et espérer se développer ne passe pas uniquement par une augmentation de la capacité énergétique du pays, mais aussi par une application stricte des mesures d'efficacité énergétique pour répondre à la demande d'électricité du pays à court et moyen terme.

Le ministère camerounais de l'Eau et de l'Énergie (MINEE), par l'intermédiaire de l'Agence de Régulation du Secteur de l'Électricité (ARSEL), a demandé à ''Energy Initiative – ''Partnership Dialogue Facility'' (EUEI PDF) de soutenir le Cameroun à la formulation d'une politique, d'une stratégie et d'un plan d'action national d'amélioration de l'efficacité énergétique. L'étude a été confiée à un consortium de consultants composé d'IED, EED et NBT (le consultant), sous la maîtrise d'ouvrage déléguée d'ARSEL.

Quatre objectifs spécifiques orientent le travail à faire : réduire la facture de l'électricité dans les bâtiments publics ; améliorer l'efficacité énergétique dans les industries et les services ; sensibiliser les ménages sur les possibilités d'économiser l'électricité et adapter le cadre institutionnel et réglementaire à la situation actuelle dans le système électrique.

L'étude a nécessité trois phases : une phase de démarrage et d'imprégnation, une phase d'élaboration de scénarios et une phase d'élaboration d'une proposition de politique nationale.

La lecture de l'annexe 1 du rapport final (2014, p. 78) montre bien que plusieurs parties prenantes ont participé à la réalisation de cet outil. En plus du MINEE et de l'ARSEL, responsables publics désignés pour l'étude, on a également vu d'autres acteurs publics s'impliquer de plusieurs manières. C'est le cas du ministère des Finances (MINFI), du ministère de l'Environnement, de la Protection de la Nature et du Développement durable (MINEPDED), du ministère des Mines, de l'Industrie et du Développement technologique (MINMINDT) et AES-SONEL, qui était à ce moment-là, la société en charge de la production, du transport et de la distribution d'électricité au Cameroun, l'association des grandes entreprises industrielles (GICAM), des partenaires techniques et financiers ainsi que des institutions financières locales et internationales et des donateurs bilatéraux.

Par ailleurs, l'annexe 1 nous renseigne suffisamment sur les occasions officielles de consultation avec les parties prenantes camerounaises et internationales. Quatre principales rencontres ont été organisées :

- une réunion de démarrage avec l'ARSEL et d'autres parties concernées au niveau du gouvernement camerounais le 14 février 2013 ;
- un atelier de démarrage et forum d'échanges le 27 mars 2013 ;
- un atelier de présentation des scénarios le 24 octobre 2013 ;
- un atelier de présentation des résultats le 5 décembre 2013.

Il faut toutefois signaler que la concertation nationale mise en place pour l'élaboration de la politique et de la stratégie n'a pas mobilisé l'ensemble des collectivités territoriales décentralisées et les mouvements associatifs. Pourtant, l'implication de ces acteurs à définir collectivement les principes, les orientations et les actions devant mener à une efficacité énergétique au Cameroun est primordiale pour faire émerger un nouveau modèle énergétique participatif intégré, en cohérence avec la décentralisation. Le fait que la concertation nationale n'a pas abouti à la mise en relation des acteurs de l'énergie afin de développer une vision commune des enjeux de l'efficacité énergétique constitue une limite sérieuse. La concertation mise en place utilise une démarche "top-down" pour obtenir un résultat préétabli par le biais d'une contrainte ou tout autre moyen de pression des acteurs étatiques et non étatiques impliqués. L'analyse du contenu de la politique, de la stratégie, permet de constater que la concertation organisée a été conçue comme un procédé pour "faire passer" ce qui a été préconçu. La concertation ainsi mise en place n'est pas inclusive. Elle ne peut malheureusement pas aboutir à une gouvernance cohérente, participative et proactive. L'élaboration des choix collectifs pour une gestion responsable de l'efficacité énergétique exige une gouvernance opérationnelle et participative qui ne peut se faire sans les acteurs de la société civile et les collectivités territoriales décentralisées.

Le rapport final de l'étude intitulé : « Politique nationale, stratégie et plan d'action pour l'efficacité énergétique dans le secteur de l'électricité au Cameroun », date de mars 2014 et comprend trois parties.

- La première partie intitulée : « Politique d'efficacité énergétique dans le secteur électrique », va de la page 10 à la page 17 du rapport.
- La deuxième partie intitulée : « Stratégie d'efficacité énergétique dans le domaine de l'électricité au Cameroun », va de la page 18 à la page 28.
- La troisième partie intitulée : « Proposition pour un plan national d'action d'efficacité énergétique au Cameroun », va de la page 29 à la page 73. Dans cette partie du rapport, il est présenté le plan d'action d'efficacité énergétique proprement dit, son coût estimatif et son suivi d'évaluation.

En plus de ces trois parties, le rapport comprend deux annexes.

- L'annexe 1 va de la page 75 à 86. Dans cette annexe, on retrouve des informations qui concernent le contexte d'étude, les objectifs et la description de l'étude, la situation actuelle du secteur électrique au Cameroun.
- L'annexe 2 de 82 pages concerne les scénarios.

La lecture approfondie du rapport final montre qu'effectivement le gouvernement camerounais a mis en place une stratégie nationale d'efficacité énergétique. Toutefois, cette étude contient de grandes contradictions sur le plan méthodologique. Le rapport final élaboré contient trois produits :

- la politique nationale d'efficacité énergétique dans le secteur électrique ;
- la stratégie nationale d'efficacité énergétique dans le domaine de l'électricité au Cameroun ;
- la proposition pour un PNEE.

En principe, il faudrait mettre en place une stratégie porteuse. À ce sujet, on doit comprendre qu'il n'y a pas de stratégie sans plan d'action. Ce dernier est un sous-ensemble de la stratégie. Il est l'outil opérationnel de toute stratégie. Il est par contre possible d'avoir un plan d'action de court terme, qui ne s'inscrive pas dans une stratégie. Mais chaque fois qu'on parle de stratégie, on parle forcement de vision, d'objectifs stratégiques, de l'horizon et d'un plan d'action. On ne comprend donc pas pourquoi le rapport final de l'étude intitulée : « Politique nationale, stratégie et plan d'action pour l'efficacité énergétique dans le secteur de l'électricité au Cameroun », sépare la stratégie du plan d'action comme si ce sont deux produits distincts. Le rapport final sur l'efficacité énergétique du Cameroun contient donc d'importants manquements en planification stratégique dans le domaine de l'expertise technique. Un plan d'action vise à concrétiser la vision adoptée par une stratégie. Un plan d'action d'une stratégie est développé à partir de plusieurs éléments de contenu et permet de matérialiser une vision par des actions pertinentes, fruit d'un brassage d'idées et des analyses provenant des orientations et objectifs qui ont été retenus. Le plan d'action est la partie opérationnelle de la stratégie. Il incarne la dimension proactive d'une stratégie.

3.2. La politique d'efficacité énergétique camerounaise pèche par son absence de vision

Le Cameroun dispose d'une politique d'efficacité énergétique. Mais cette politique curieusement ne dispose pas de vision. On est en face d'une politique qui ne fait pas de la situation énergétique actuelle du Cameroun, un défi en matière de lutte contre la pauvreté. Pourtant le fait de ne pas avoir accès à l'énergie propre est également un enjeu important nécessitant une vision si l'on se situe dans la logique de réduction des inégalités dans la politique nationale d'efficacité énergétique. Il faut une vision forte, parlante, motivante pour faire en sorte que les populations les plus vulnérables qui n'ont pas aujourd'hui accès à l'énergie ne soient plus dans cette situation dans dix ans. La vision donne à la politique sa forte dimension opérationnelle. Son absence ne permet pas de faire à ce que l'accès à l'énergie puisse représenter un enjeu qui, combiné aux effets du changement climatique et de la croissance démographique, accentuera ce défi majeur.

La politique d'efficacité énergétique du Cameroun semble plutôt être un document influencé par de grands préceptes institutionnels, mais techniquement mal élaboré, sans aucun ancrage territorial. On est en face d'un document technique qui, tout en oubliant les réalités sociales et culturelles, ne se décline pas dans une vision prospective bien spécifique. La politique d'efficacité énergétique camerounaise de ce point de vue ne pourra avoir que des conséquences désastreuses dans son application, car sa réalisation ne respecte pas les règles techniques pour produire une politique publique digne de ce nom. Sans vision, elle n'impulse pas l'adoption de schémas cohérents s'appuyant sur des principes bien définis.

3.3. La politique d'efficacité énergétique camerounaise ne fait aucunement allusion à la décennie internationale de l'énergie durable pour tous

L'Assemblée générale des Nations-Unies a déclaré la période 2014-2024 « Décennie internationale de l'énergie durable pour tous » (SE4All), donnant en cela suite à une initiative du Secrétaire général et mettant en lumière l'importance de l'énergie pour le développement durable. L'un des trois objectifs de l'initiative SE4All est de doubler le taux d'amélioration de l'efficacité énergétique dans le monde d'ici à 2030. L'efficacité énergétique devrait être facile à améliorer. Elle contribue à la sécurité énergétique, à la protection de l'environnement, à la qualité de vie et à la prospérité pour tous. On a dit de l'efficacité énergétique qu'elle est la « première ressource énergétique », car elle est le meilleur moyen de tirer le plus grand parti des ressources disponibles, de soutenir la croissance économique et de réduire le coût de l'énergie. L'efficacité énergétique pourrait être considérablement améliorée dans le monde, mais les tentatives dans ce sens aboutissent rarement en raison des carences des cadres d'action nationaux ou de l'absence d'une législation appropriée. Cette situation est attribuable, entre autres aux politiques qui abaissent artificiellement les prix de l'énergie et encouragent de ce fait une consommation sans modération ; aux subventions à la production et à la consommation qui créent des distorsions sur les marchés ; à la mauvaise gestion du parc immobilier ; et aux obstacles à l'entrée de nouveaux acteurs sur les marchés. En dépit des nombreux avantages qu'elle comporte, l'amélioration de l'efficacité énergétique est encore loin de s'inscrire dans les faits. L'état de l'économie mondiale et les rouages économiques des marchés de l'énergie ont amené à privilégier les considérations économiques à court terme, en même temps que la géopolitique faisait de la sécurité énergétique l'un des principaux aspects de la politique publique. Pour sortir de l'inertie actuelle, les pays doivent commencer par promouvoir au niveau local et dans les secteurs tant privés que publics, les politiques et les compétences nécessaires pour identifier, élaborer et présenter des projets d'investissement dans l'efficacité énergétique, susceptibles de bénéficier de concours financiers. Ils doivent également procéder aux changements d'orientation et aux réformes institutionnelles nécessaires pour appuyer les investissements dans l'efficacité énergétique ; et créer des conditions favorables pour encourager les établissements financiers et les entreprises commerciales à investir dans des projets d'efficacité énergétique. La présente publication a été préparée dans le cadre du projet sur la « promotion des investissements dans l'efficacité énergétique pour l'atténuation des changements climatiques et le développement durable », qui est financé par le compte de l'Organisation des Nations-Unies – Onu – pour le développement et exécuté conjointement par les cinq commissions régionales de l'ONU avec la Communauté économique européenne – CEE – comme chef de file. Cette publication met en vedette les meilleures pratiques dans les politiques visant à promouvoir l'efficacité énergétique dans la région de la CEE et ailleurs. Elle présente un cadre structuré de politiques et de mesures pour la promotion des investissements dans l'efficacité énergétique contribuant à l'atténuation des changements climatiques et au développement durable, de même que pour l'élaboration d'un catalogue de politiques et de mesures destinées à améliorer l'efficacité énergétique.

3.4. La politique d'efficacité énergétique camerounaise ne prend pas explicitement compte du Mécanisme mondial d'accélération de l'amélioration de l'efficacité énergétique

La politique camerounaise d'efficacité énergétique fait explicitement table rase du Mécanisme mondial d'accélération de l'amélioration de l'efficacité énergétique qui a été établi pour aider tous les pays à atteindre cet objectif en poussant tous les secteurs de l'économie à agir et à s'engager. Le Mécanisme mondial, dont le but est d'accélérer l'adoption de politiques et de programmes favorisant l'efficacité énergétique dans des domaines ayant un grand potentiel, n'est aucunement pris en compte par la politique camerounaise d'efficacité énergétique. Toutefois, il est important de rappeler que certains accélérateurs de l'amélioration de l'efficacité énergétique du Mécanisme mondial qui ont été mis au point pour plusieurs domaines d'intervention – appareils et équipements ; réseaux urbains d'énergie ; éclairage ; rendement des carburants ; performance énergétique des bâtiments ; industrie – sont pris en compte dans la PNEE.

C'est le cas du secteur industriel au Cameroun qui regroupe toutes les branches industrielles y compris les sous-secteurs secondaires de distribution d'électricité, d'eau et de gaz, ainsi que le bâtiment et les travaux publics. La PNEE demande de prendre des mesures techniques qui peuvent permettre des économies dans le secteur industriel. Il s'agit de réduire toutes les pertes imputables à une utilisation inefficace de l'électricité due à une absence de gestion de l'énergie dans les industries. Il est aussi prévu la cogénération, qui doit être mise à contribution. Dans cette cogénération, le combustible est évidemment la biomasse. En fait, la biomasse ciblée8 est celle produite en tant que déchet par des industries agroalimentaires (égrenage de coton, rizerie, industrie du sucre, production d'huile) et l'industrie de transformation du bois. Pour développer des capacités de production électrique à partir de la biomasse, trois (3) actions ont été définies dans la PNEE à savoir :

- identifier les sites industriels camerounais capables de mettre en œuvre des projets de cogénération,
- élaborer des programmes dont l'objectif est d'atteindre entre 90 et 130 MW de capacité de production électrique supplémentaire à partir de la cogénération en 2018 au plus tard,
- financer les projets présentés avant 2018.

La PNEE du Cameroun n'a pas été très ambitieuse de notre point de vue sur le plan industriel. Pourtant, cela devrait aller de soi, puisque les entreprises camerounaises consomment beaucoup d'énergie et leur compétitivité est liée aux coûts de l'énergie. Les dispositions pratiques n'existent pas dans la PNEE du Cameroun pour inscrire de manière systématique l'efficacité énergétique dans le monde de

[8] Dans la pratique, les industries agro-alimentaires et de transformation de bois concernées par la cogénération utilisent la biomasse, mais n'exploitent qu'une partie de son potentiel énergétique. En effet, faute de débouchés à un tarif attractif pour les excédents, les industriels limitent leur production par cogénération à la satisfaction de leurs besoins internes. Un potentiel énergétique équivalant à environ 700 G Wh par an d'électricité n'est pas valorisé dans les agro-industries et l'industrie de transformation du bois, ce qui correspond à une capacité de production électrique de 140 MW. Il n'y a actuellement que deux sucreries du même groupe qui utilisent leurs résidus de bagasse dans des installations de cogénération. La taille critique est atteinte ; le potentiel peut être développé et le groupe industriel a déjà un projet de 73 G Wh. Les moulins à riz ne produisent pas d'électricité. Toutefois, il est admis que la ressource énergétique de la biomasse est deux fois plus importante que son besoin. Dans le secteur de la production d'huile de palme, la situation est la même et ces industries peuvent également injecter des excédents sur le réseau interconnecté (usines dans la région de Douala). L'industrie du bois présente le potentiel le plus significatif : un site industriel situé à Mbang a un projet de cogénération de 1,5 MW avec injection partielle sur un mini-réseau d'électrification rurale. À Yaoundé, un autre site du même groupe a le potentiel pour alimenter une centrale de cogénération d'environ 1,5 MW.

l'entrepreneuriat camerounais. La PNEE n'encourage pas à développer de bonnes pratiques de production et de commercialisation permettant de réduire la consommation d'énergie. L'efficacité énergétique appliquée dans le monde des entreprises camerounaises aurait pu se traduire par des améliorations de la productivité qui comprennent : l'amélioration de la qualité des produits, la réduction des coûts d'exploitation et d'entretien ainsi que de production, l'amélioration des conditions de travail et la diminution des émissions dans l'environnement. La politique d'efficacité énergétique camerounaise actuelle ne permet pas :

a. d'expérimenter dans les entreprises, des mesures volontaires d'efficacité énergétique ;
b. de sensibiliser les cadres des entreprises à envisager une expérimentation de l'efficacité énergétique ;
c. de prendre des mesures visant à encourager les cadres de direction à accorder beaucoup d'attention à l'efficacité énergétique ;
d. de prendre des dispositions techniques, réglementaires, pour mieux accompagner les entreprises à haute intensité d'énergie vers une démarche d'efficacité énergétique ;
e. d'encourager une production locale et une commercialisation de technologies de plus en plus propres favorisant l'efficacité énergétique ;
f. de prendre des mesures pour atténuer les incertitudes et hésitations des investisseurs dans le domaine de l'énergie propre au Cameroun.

Au-delà du secteur industriel, le problème concerne aussi l'éclairage et les appareils et équipements. Dans ces deux domaines d'intervention, la PNEE s'oriente sur la sensibilisation des ménages sur les possibilités d'économiser l'électricité. Le potentiel d'économie est à la fois présent dans l'amélioration de l'équipement des ménages aujourd'hui (éclairage, téléviseurs, réfrigérateurs), mais aussi dans les biens qui seront acquis dans les prochaines années (logements, climatiseurs, équipement ménager). La construction de logements présente un fort potentiel d'économie en particulier en réduisant le besoin en air conditionné avec des mesures qui visent les règles de construction (isolation et protections solaires) ainsi que les performances des climatiseurs (normes de performance énergétique). Dans le secteur résidentiel plus encore que dans les autres secteurs ciblés par la PNEE, le potentiel important d'économie d'énergie estimé à 30 % repose sur la voie réglementaire et normative. Il est aussi question d'améliorer l'efficacité énergétique des appareils électriques à travers les mesures suivantes :

- élaboration d'une réglementation nationale pour la performance énergétique des équipements électriques destinés aux ménages et utilisateurs finaux, incluant la normalisation et la labellisation des appareils ;
- coopération régionale pour le développement et mise en œuvre de procédures de test et d'approbation des appareils électriques ;
- mise en place d'un centre d'information pour le grand public ;
- promotion de lampes fluorescentes compactes ou de LED et sensibilisation du grand public et de professionnels sur l'efficacité énergétique.

Pour ce qui est de l'adaptation du cadre institutionnel et réglementaire à la situation actuelle dans le système électrique, tout comme pour l'éclairage, les appareils et équipements, les options proposées par la PNEE ne convergent pas vers la valorisation des énergies renouvelables, encore moins vers la mise en place de mesures pour lutter efficacement contre le gaspillage d'électricité surtout dans les structures publiques.

3.5. La politique d'efficacité énergétique camerounaise est prioritairement orientée vers le secteur des bâtiments tertiaires

Ce qu'on retient c'est que la politique d'efficacité énergétique camerounaise consacre ses orientations dans le secteur des bâtiments tertiaires, lequel secteur inclut des bâtiments publics administratifs, des bâtiments commerciaux, des restaurants et des hôtels, des bâtiments du secteur de la santé et de l'éducation et des immeubles de bureau (télécommunication, finance et immobilier). Dans ce secteur, les mesures de conservation de l'électricité concernent d'abord la climatisation et les éclairages. Les potentiels d'économie des bâtiments existants se répartissent entre : des actions à court terme touchant à l'organisation (comme la gestion de l'énergie), la sensibilisation et le renforcement du programme de maintenance et des actions à moyen terme qui visent à améliorer les performances des éclairages et des climatisations. De plus, le développement d'un code de qualité énergétique des bâtiments dont l'objectif est de faire progresser la qualité de la construction en imposant des spécifications réalistes basées sur l'état de l'art et l'expérience dans les bâtiments au Cameroun est une nécessité impérieuse pour toutes les constructions neuves.

3.6. La politique d'efficacité énergétique camerounaise n'encourage pas les économies d'énergie à travers une sensibilisation sur les bonnes pratiques

L'efficacité énergétique dans la pratique dans un pays en développement commence et se matérialise par l'existence d'un catalogue des bonnes pratiques illustrant dans le concret, le réel, les politiques et mesures visant à améliorer l'efficacité énergétique. L'absence des exemples de meilleures ou bonnes politiques en matière d'efficacité énergétique ne permet pas d'optimiser le rendement des ménages, des entreprises et des services publics en matière d'efficacité énergétique. En l'absence de ces pratiques, il devient difficile d'encourager le changement de mentalité, la course vers des pratiques optimales.

Les bonnes pratiques doivent aussi avoir un ensemble significatif d'actions à mener relatives au financement de l'efficacité énergétique dans les ménages ou en entreprise. Les recommandations habituelles sur les politiques d'efficacité énergétique devraient prendre en compte les bonnes pratiques existantes ou les diffuser et les disséminer dans le contexte territorial camerounais. L'amélioration des performances énergétiques du Cameroun ne peut se soustraire de l'efficacité énergétique et notamment de la riche expérience accumulée dans ce domaine par certains acteurs ces dernières années. Les politiques opérationnelles dans le domaine de l'efficacité énergétique doivent arriver à maturation en prenant en compte les bonnes et meilleures pratiques d'ici et d'ailleurs, leurs évolutions ainsi que leur portée et leur impact.

Les concepteurs de la politique camerounaise d'efficacité énergétique n'ont pas pris en considération l'impact optimal des meilleures pratiques issues d'autres contextes en ce qui concerne :

- une gouvernance énergétique reposant sur un socle de textes réglementaires, de mécanismes de coordination, de données et de capacités opérationnelles ;
- la mise en place des sources privées et publiques de financement sur l'efficacité énergétique dans les ménages et les entreprises ;

- un rôle-clé pour les entreprises publiques qui doivent montrer le bon exemple en matière d'efficacité énergétique consistant à encourager une utilisation rationnelle des ressources énergétiques ;
- des mesures d'efficacité énergétiques transversales s'étendant à tous les secteurs et à toutes les priorités du pays ;
- une évaluation continue du processus d'efficacité énergétique mis en place et bien évidemment des enseignements tirés de ce processus d'innovation.

3.7. La politique d'efficacité énergétique camerounaise et ses outils opérationnels ne prennent pas en compte les énergies renouvelables

La problématique de l'efficacité énergétique a également plus de pertinence si en plus de favoriser la réduction des consommations énergétiques, elle permet de valoriser les énergies renouvelables notamment dans un pays comme le Cameroun qui regorge d'un potentiel naturel important pour la production des énergies renouvelables. On constate que dans la politique, la stratégie et le plan d'action du Cameroun, les ressources renouvelables n'occupent aucunement une place de choix. Ces éléments ne promettent même pas pour demain une électrification par les énergies renouvelables. Le Cameroun est largement plongé dans le noir, car il connaît d'énormes problèmes d'accès à l'électricité. Cela pouvait encourager une attention particulière vers les énergies renouvelables. Avec une population de 24 millions d'habitants en 2017 et qui sera multipliée par deux en 2050 dans un pays qui a des atouts importants dans le domaine des énergies renouvelables, on s'attend à voir les politiques publiques en matière d'énergie orientées vers les énergies renouvelables.

Les documents de planification stratégique actuels du Cameroun en matière d'efficacité énergétique de manière paradoxale ne tiennent pas compte des énergies renouvelables pourtant très largement inexploitées au Cameroun. Bien sûr, le Cameroun dispose en ce moment de projets structurants qui mobilisent les technologies de production d'électricité à partir des ressources naturelles telles que les projets sur le solaire, les barrages hydroélectriques. Mais ces projets auront plus d'impacts s'ils s'inscrivent dans une vision d'ensemble et des objectifs stratégiques pour contribuer à relever le défi du développement et du changement climatique. Le Cameroun ne peut compter sur son fort potentiel d'énergie renouvelable si ce dernier n'est pas inscrit dans la politique, la stratégie en matière d'efficacité énergétique.

Compte tenu du fait que la question énergétique est aujourd'hui primordiale, la politique d'efficacité énergétique et sa stratégie auraient dû, au regard des enjeux climatiques, prendre en considération de nombreuses initiatives qui ont vu le jour ces dernières années pour inciter les pays africains à investir dans les énergies renouvelables, à décarboner au détriment des combustibles fossiles et renforcer ainsi des capacités de production insuffisantes en raison de la pression démographique et de l'augmentation des besoins en électricité qui en découlent.

La politique d'efficacité énergétique ne fait pas mention de l'usage des énergies renouvelables dans le secteur des bâtiments tertiaires. Dans le sous-secteur des bâtiments publics, quatre objectifs stratégiques sont pris en compte :

(i) la mise en place de responsables d'énergie dans les bâtiments publics ;

(ii) l'optimisation des factures d'électricité ;

(iii) la rénovation des installations électriques (éclairage et climatisation) ;

(iv) l'amélioration des performances des climatisations. Comme on peut le constater, les énergies renouvelables ne sont pas prises en compte.

3.8. La politique d'efficacité énergétique camerounaise et ses outils opérationnels ne font pas de la lutte contre le gaspillage d'énergie, une priorité

De manière générale, la lutte contre le gaspillage d'énergie a été mise en évidence dans les différents documents. Seulement, la manière dont la question est abordée est fortement discutable. On sait déjà qu'au stade actuel, le gaspillage énergétique est impressionnant. Avec la croissance démographique, les besoins en énergie à satisfaire, les exigences du développement économique et social du Cameroun vont faire augmenter la consommation d'électricité. L'analyse de contenu des trois documents ne permet pas de trouver des propositions d'actions de type structurel qui prouvent comment à travers ces outils, le gaspillage énergétique pourra être mesuré, contrôlé pour être à moyen terme maîtrisé. À cet effet, on se serait attendu à voir des mesures qui permettent de repenser les projets de développement. Certains projets de développement favorisent l'utilisation de l'énergie d'origine fossile. Ils sous-estiment parfois les problèmes de gaspillage énergétique et ignorent les gains économiques substantiels qu'offrent de nos jours des politiques d'efficacité énergétique. Beaucoup de ces projets ne s'inscrivent pas forcément dans la sobriété énergétique. Pourquoi donc les faire s'ils génèrent des coûts de gestion et de maintenance plus importants que l'aide ?

Il est clair que le Cameroun à travers une démarche rigoureuse d'efficacité énergétique, peut encourager la cogénération, repenser la distribution d'électricité pour éviter les gaspillages, revoir l'éclairage en mode ''basse consommation'' dans les services publics, repenser la commande publique en matière d'équipements industriels, orienter les choix de consommation vers des appareils électroménagers qui consomment moins d'énergie. Le Cameroun peut prendre des mesures pour améliorer l'isolation, la ventilation domestique, etc. Toutes ces mesures mises en place réduisent la consommation inutile d'énergie, et même annulent le nombre de délestages encore quotidiens dans certaines régions. Les solutions proposées contre le gaspillage nécessitent obligatoirement la pratique de l'efficacité énergétique aussi bien en milieu résidentiel, tertiaire qu'industriel ; la promotion de la valorisation des énergies nouvelles ainsi que le renforcement des capacités des ressources humaines (techniciens et opérateurs des systèmes énergétiques, concepteurs et projeteurs, communicateurs sur l'énergie, décideurs et stratèges de politiques liées à l'énergie, etc.).

Les propositions formulées pour faire face au gaspillage énergétique restent donc insuffisantes. Les solutions fiables, efficaces et durables, adaptées aux marchés résidentiels, commerciaux et industriels sont à proposer et doivent également accorder une place significative à la lutte contre le gaspillage énergétique.

3.9. La politique d'efficacité énergétique et ses outils opérationnels ne sont pas dans une logique de transition énergétique

La transition énergétique en tant que politique de réduction de la consommation et de la substitution des énergies fossiles par les énergies renouvelables, est supposée être aujourd'hui à la base de toute politique publique énergétique. On constate en analysant la politique d'efficacité énergétique camerounaise, la stratégie et le plan d'action qui en découlent, que la question de transition énergétique est totalement absente. La politique d'efficacité énergétique dans sa structuration, ses objectifs et la stratégie qui en découle manquent totalement d'éléments théoriques et concrets en faveur de la transition énergétique. Les documents ainsi proposés ne permettent même pas au Cameroun de lancer un débat national susceptible de mobiliser l'ensemble de la société : corps intermédiaires, partenaires sociaux, élus, ONG et citoyens sur la transition énergétique. Aucune réflexion n'est inscrite dans les documents élaborés sur la transition énergétique pour la croissance verte, l'économie circulaire. Aucune analyse de scénario n'est faite sur la meilleure transition énergétique possible dont le Cameroun pourrait bénéficier et qui serait susceptible de mobiliser le pays tout entier – citoyens, entreprises, territoires, pouvoirs publics – pour un nouveau modèle énergétique qui respecte l'environnement. Au-delà de la nécessité de réduire l'utilisation des énergies fossiles, de réduire la consommation énergétique, l'amélioration de l'efficacité énergétique ne peut pas se faire sans une transition énergétique qui encourage l'augmentation de l'offre en énergies renouvelables.

De notre point de vue, l'élaboration d'une politique d'efficacité énergétique fait appel à des changements techniques et comportementaux majeurs dans les modes de consommation de l'énergie. Une démarche d'efficacité énergétique ancrée dans la transition énergétique permet d'encourager l'utilisation des énergies renouvelables et de sensibiliser les populations sur leur acceptabilité. Au-delà de leur possible caractère intermittent et imprévisible, les énergies renouvelables constituent une force pour l'atteinte des ODD au Cameroun. Pour cela, sont de fait, des énergies de la transition énergétique.

3.10. La politique d'efficacité énergétique n'encourage pas la mise en place de stratégie sectorielle d'efficacité énergétique dans chaque ministère et collectivité territoriale décentralisée

Sachant que l'efficacité énergétique peut offrir au gouvernement, au secteur privé et aux collectivités territoriales décentralisées plusieurs avantages, il est important que de nouvelles modalités de son utilisation soient mises en place. Une manière rentable d'atteindre les objectifs d'efficacité énergétique consiste à responsabiliser chaque ministère afin qu'il ait une stratégie sectorielle d'efficacité énergétique.

Ensuite, il faut que chaque commune entreprenne au-delà d'un certain seuil, sa stratégie d'efficacité énergétique. Il faut s'orienter vers une société où l'efficacité énergétique est l'affaire de tous. Pour cela, il faut développer des cadres institutionnels qui combinent réglementations, incitations, renforcement des capacités et instruments d'information.

Sachant que la consommation d'énergie varie considérablement selon les secteurs, il serait logique de privilégier les actions dans les secteurs spécifiques où le potentiel d'amélioration de l'efficacité énergétique est le plus élevé.

Conclusion

Au Cameroun, l'énergie est de nos jours, le domaine le plus critique qui caractérise l'interaction entre la lutte contre la pauvreté et l'industrialisation. La vulnérabilité du Cameroun au regard des changements climatiques et de sa situation économique générale impose de nouvelles approches dans l'élaboration des politiques énergétiques. La transition vers une économie à faible carbone constitue une priorité ne serait-ce que pour atteindre les 17 ODD.

Il a été démontré que la politique camerounaise d'efficacité énergétique n'est pas pertinente dans la mesure où elle n'investit pas vraiment dans de l'énergie propre. Elle n'encourage pas une approche d'efficacité énergétique qui va de pair avec les économies d'énergie. Elle ne fait pas la promotion des solutions innovantes susceptibles de changer fondamentalement la manière dont les ménages, les entreprises, les services publics consomment l'énergie. Nous sommes en face d'une politique d'efficacité énergétique qui ne s'interroge pas en profondeur sur les méthodes de production, stockage, transport et utilisation de l'énergie dans les villes camerounaises.

C'est aussi une politique globalement mal élaborée sur le plan technique. Elle n'apporte pas non plus de solutions durables au problème d'accès à l'électricité au Cameroun. Elle ne prend pas non plus systématiquement en compte les énergies renouvelables. En effet, sur les quatre secteurs pris en compte dans cette politique, seul le secteur industriel prévoit un objectif stratégique en faveur des énergies renouvelables. Sur les 12 objectifs stratégiques du PNEE, un seul objectif concerne les énergies renouvelables, exclusivement dans le secteur industriel. Pourtant, les secteurs du résidentiel et des bâtiments tertiaires représentent aujourd'hui ceux pour lesquels les solutions d'énergie renouvelable sont les plus envisageables.

Il est important pour le Cameroun de focaliser ses actions sur l'efficacité énergétique. Pour qu'il soit un pays émergent en 2035, il faudra absolument accélérer à moyen terme, sa transition d'un pays de consommation des combustibles fossiles à un pays de consommation des énergies renouvelables. Pour cela, il faudra encourager des interventions pouvant prendre diverses formes : utilisation des énergies renouvelables, réduction des besoins en énergie, récupération de la chaleur provenant de la ventilation dans les bâtiments, remplacement progressif des équipements énergivores des services publics et des entreprises par ceux qui consomment une énergie propre. C'est dans des investissements publics dans de l'énergie renouvelable que le Cameroun pourra s'offrir des perspectives économiques inédites.

En définitive, l'engagement pour une politique énergétique fortement focalisée sur l'efficacité énergétique au Cameroun est possible. Cela passe par une politique d'efficacité énergétique qui vise entre autres : l'aspiration à un mix énergétique, la promotion des énergies renouvelables et la décentralisation des modes de production qui en découlent, l'accès au progrès technologique dans le domaine énergétique.

Références bibliographiques

Afuzi, (2015), *Guide des bonnes pratiques énergétiques : les économies d'énergie, j'y participe*, Pôle d'activité, Toulon-Est, 37 p.

ARSEL, (2014), « Politique nationale, stratégie et plan d'action pour l'efficacité énergétique dans le secteur de l'électricité au Cameroun », Yaoundé, 86 p.

Ben-Naceur, Kamel, (2014), *Perspectives mondiales concernant l'efficacité énergétique*, le point de vue de l'AIE, S.L., S.D., 76 p.

Bouba Oumarou, Ahmadou, (2014), *État des lieux et enjeux de l'efficacité énergétique au Cameroun*, Yaoundé, ARSEL, 12 p.

Carassus Jean, (2013), *La mise en œuvre des politiques d'efficacité énergétique des bâtiments : comparaison internationale*, S.L., CSTB, 139 p.

CEMAC, (2013), *Politique régionale pour un accès universel aux services énergétiques modernes et le développement économique et social 2014 - 2030*, Livre blanc, S.L., 104 p.

Charmettant Hervé, (2006), *Un modèle conventionnaliste de l'autorité dans la relation d'emploi*, Thèse de Doctorat de Sciences économiques, Université Lumière Lyon 2, 382 p.

Cockburn John, (2010), *Libéralisation commerciale et pauvreté en Afrique*, Laval, Les Presses de l'Université Laval, CRDI, 312 p.

Conseil mondial de l'Énergie, (2013), *Les politiques d'efficacité énergétique dans le monde - Ce qui marche et ce qui ne marche pas*, Paris, 24 p.

Couto Soares Maria Clara, (2014), *Inequality and Development Challenges*, New Delhi, Routledge, IDRC, 374 p.

Daudigeos Thibault, Valiorgue Bertrand, (2010), *L'apport de la théorie des conventions à la théorie néo-institutionnelle des organisations, Institut français de gouvernement des Entreprises*, Grenoble, École de Management et ESC Clermont-Ferrand, 27 p.

De La Rue Du Can Stephane, (2013), *Energy Efficiency Country Study : Republic Of South Africa*, Ernest Orlando Lawrence Berkeley national laboratory, 71 p.

Department of energy, (2016), *Draft post-2015 of national Energy Efficiency Strategy* (Notice 948 OF 2016, Government Gazette), 96 p.

European Environment Agency, (2017), *L'efficacité énergétique est bénéfique pour nous tous*, S.L., 10 p.

GDF Suez, (2013), *J'apprends l'énergie*, S.L., 10 p.

GIEC, (2007), *Bilan des changements climatiques*, Genève, 103 p.

Global Village Cameroon, (2012), *État des lieux du cadre réglementaire du secteur des énergies renouvelables au Cameroun*, S.L., 88 p.

IEA, (2010), *World energy outlook*, Paris, 738 p.

IFDD, (2013), *Les fiches techniques PRISME*, Québec, Code jaune, 8 p.

INS, (2007), *Troisième enquête camerounaise auprès des ménages*, S.L., 185 p.

Institut bruxellois pour la Gestion de l'Environnement, (2009), *Quelle est la consommation moyenne des électroménagers ?* S.L., 4 p.

Jaouhari S., Jelaidi M., Nassir El Hak R., (2010), *Tendances de l'efficacité énergétique au Maroc : Rapport préparé dans le cadre du projet MEDENER sur les indicateurs d'efficacité énergétique dans les pays méditerranéens*, IEEMOR, S.L., 46 p.

Joas, Hans, (1996), *The creativity of action, Oxford,* Polity press in association with Blackwell Publishers Ltd, 327 p.

Kitio Vincent, (2014), *Intégration des mesures d'efficacité énergétique et de conservation des ressources dans les normes de construction au Cameroun*, Yaoundé, ONU-Habitat, 15 p.

Kitio Vincent, (2015), *L'Habitat social face aux changements climatiques,* S.L., ONU-HABITAT, 20 p.

Maiga F, Mahamadou, (2014), *Lutter contre la pauvreté et les changements climatiques : Le rôle clé des énergies renouvelables et de l'efficacité énergétique au Cameroun, au Mali et en Côte d'Ivoire*, S.L., 85 p.

MINEPAT, (2009), *Document des Stratégies pour la Croissance et l'Emploi*, 174 p.

Ministère de l'Économie et des Finances (2013), *Guide relatif à l'efficacité énergétique dans les bâtiments : application à un établissement scolaire, Observatoire économique de l'achat public*, S.L., 69 p.

Ministère de l'Énergie du Nouveau-Brunswick, (2004), *Livre blanc sur le programme d'efficacité énergétique*, S.L., 16 p.

Mokgadi Modise, (2015), *Overview on the national Energy Efficiency Strategy Post*, Johannesburg, 21 p.

Mokgadi Modise, (2014), *Parliamentary Portfolio Committee on Energy (National Energy Efficiency Strategy*, Department of Energy, Republic of South Africa), 24 p.

OCDE, (2013), *Examens environnementaux : Afrique du Sud highlights*, S.L., 16 p.

OECD, (2010), *Innovation and the Development Agenda*, S.L., Erika Kraemer-Mbula and Watu Wamae, OECD/IDRC, 155 p.

Pelletier P., De Quero A., Lapostolet B., (2009) ; *Précarité énergétique*, Rapport du groupe de travail du comité stratégique du plan bâtiment Grenelle, 55 p.

PNUD, (2012), *Évaluation rapide et analyse des gaps de la Côte d'Ivoire, Énergie durable pour tous,* Conférence des Nations-Unies sur le Développement durable, Rio + 20, Rio de Janeiro, 44 p.

Purdon Mark, (2005), *Contribution potentielle du Mécanisme de Développement propre (MDP) du protocole de Kyoto au développement rural du Cameroun*, Ontario, 84 p.

Région Guadeloupe, (2017), *Programmation pluriannuelle de l'Énergie (PPE) 2016 2018/2019-2023 de la Guadeloupe : Étude d'impacts et évaluation de l'atteinte des objectifs,* République française, Document de travail, S.L., 30 p.

Robertson Melanie, (2012), *Sustainable Cities (Local solutions in the Global South)*, Ottawa, Practical action publishing, IDRC, 191 p.

Schneider Electric, (2001), *Le livre blanc de l'efficacité énergétique*, Grenoble, 32 p.

Tchatat G., (2014), *Contribution à la préparation du rapport national pour la formulation du livre blanc régional sur l'accès universel aux services énergétiques intégrant le développement des énergies renouvelables et de l'efficacité énergétique*, S.L., PNUD, 245 p.

Theillard Perrine, (2018), *Évaluation du CIS énergie 2012-2016 : Rapport final*, Paris, Agence française de Développement, 53 p.

UNECE, (2015), *Meilleures pratiques pour promouvoir l'efficacité énergétique*, New York, UNECE-Série Énergie, Nations-Unies, 88 p.

Chapitre II

Étude de la production de l'électricité par gazéification des rafles de maïs : cas de "Westend Farms PLC" à Batschenga

William TCHINDA TCHINDA

Chercheur associé au LaME, ENSTP/Yaoundé, Cameroun

Introduction

Depuis quelques années, une prise de conscience globale émerge. La production d'énergie à partir de la ressource fossile, polluante et très émettrice de gaz à effet de serre, joue un rôle prépondérant dans le réchauffement climatique. Ces émissions devront être fortement réduites à l'avenir. Pour soutenir la croissance mondiale, maintenir un certain niveau de vie et réduire l'émission de gaz polluants, nous devons dès à présent songer à de nouvelles filières pour la production d'énergie (Romain, 2012). Les énergies renouvelables doivent être considérées comme un moyen efficace pour pallier cette insuffisance électrique, afin de diminuer le pourcentage (80 %) de personnes n'ayant pas accès à l'électrification en Asie du Sud et en Afrique subsaharienne (*World Energy Outlook*, 2004).

La biomasse regroupe toute matière organique d'origine animale, végétale ou humaine. Les résidus organiques découlant des activités humaines comme les déchets quotidiens sont également inclus (Lédé, 1999). Elle pourrait répondre à 22 % de nos besoins énergétiques mondiaux actuels. C'est de plus une ressource très abondante. C'est la ressource d'énergie renouvelable la plus abondante au niveau mondial (Devin, 1992, dans Dufour, 2007). La biomasse lignocellulosique suscite de nombreuses recherches. Elle représente environ 200 milliards de tonnes produites chaque année (Zhang, 2008).

Dès lors, la gazéification de la biomasse peut jouer un rôle prépondérant dans l'augmentation de l'offre énergie électrique. Elle consiste en un traitement thermochimique convertissant un solide carboné en un gaz combustible chargé en hydrogène et en monoxyde de carbone. Elle se réfère à un procédé dans lequel les matières combustibles telles que la biomasse sont partiellement oxydées ou partiellement brûlées avec une modification de la structure chimique à 500-900 °C en présence d'un agent de gazéification (par exemple l'air, l'oxygène, la vapeur d'eau, le CO_2, ou des mélanges de ces composantes) (Göransson, Söderlind, He & Zhang, 2011). La valorisation du gaz issu de ce procédé se fait aujourd'hui principalement dans des unités de cogénération. Cependant, les possibilités de couplage avec les piles à combustible ou les réacteurs de synthèse de biocarburants liquides laissent envisager un bel avenir à la gazéification. Une utilisation de ce gaz dans un moteur à combustion, un four ou une turbine pour produire de la chaleur et/ou de l'électricité est relativement propre, dégageant peu de toxines et d'oxydes d'azote (NO_x) (Reed & Das, 1988).

Bien que la société ''Westend Farms PLC'' soit dotée d'une ligne électrique, elle trouve cependant son fonctionnement perturbé à cause des multiples délestages qu'elle subit au cours de la journée. Une autoproduction de son énergie électrique sera la bienvenue d'autant plus qu'elle présente un atout majeur qui est sa capacité à disposer de déchets agricoles et en particulier de rafles de maïs. La rafle de maïs offre des voies intéressantes grâce à son potentiel énergétique élevé et à son taux de cendre relativement faible. Ainsi, la transformation de ces rafles en gaz de synthèse, puis en énergie électrique peut contribuer non seulement à optimiser le processus de transformation, mais également à conserver les produits issus de l'exploitation.

L'enjeu industriel de cette étude consiste à contribuer à l'éveil des consciences humaines à l'égard de la gazéification de la biomasse. Il s'agit en particulier de montrer que cette technologie peut permettre aux exploitants agricoles de produire leur propre énergie électrique. De plus, le gaz de synthèse présente de multiples possibilités de valorisation intéressantes comme le moteur ou la turbine à gaz, la pile à combustible ou encore la synthèse des carburants liquides par la réaction de Fischer-Tropsch.

Le principe de production d'électricité à partir de la gazéification des rafles de maïs consiste à récolter les rafles, les sécher, les introduire dans un gazogène co-courant (plus commercialisé et plus mature), recueillir le gaz de synthèse, le nettoyer et l'injecter dans un groupe électrogène à gaz. L'objectif de cette étude est de contribuer à la production de l'énergie électrique à travers la gazéification de la biomasse, et en particulier les rafles de maïs.

1. Matériel et méthodes

1.1. Matériel

Le matériel comprend un gazogène à lit fixe co-courant, les équipements auxiliaires, le groupe électrogène, le ventilateur et la rafle de maïs.

1.1.1. Gazogène à lit fixe co-courant

Le gazogène à lit fixe co-courant est le plus commercialisé. C'est aussi le plus apprécié aux applications des cycles combinés. Il produit un gaz avec une faible teneur en goudron, présente un capital d'investissement faible et peut être utilisé en zone rurale (Maria, 2002). En effet, les hautes températures, supérieures à 1200 ° C dans la zone d'oxydation, favorisent la conversion des goudrons par oxydation, craquage thermique et reformage. Cet aspect est essentiel d'un point de vue industriel, car il permet de simplifier l'étape d'épuration du gaz nécessaire avant sa valorisation dans les moteurs. De plus, il est le plus indiqué pour les installations de petites et moyennes puissances (< 500 kW électriques) et présente un meilleur rendement. La figure 1 représente le fonctionnement d'un gazogène co-courant.

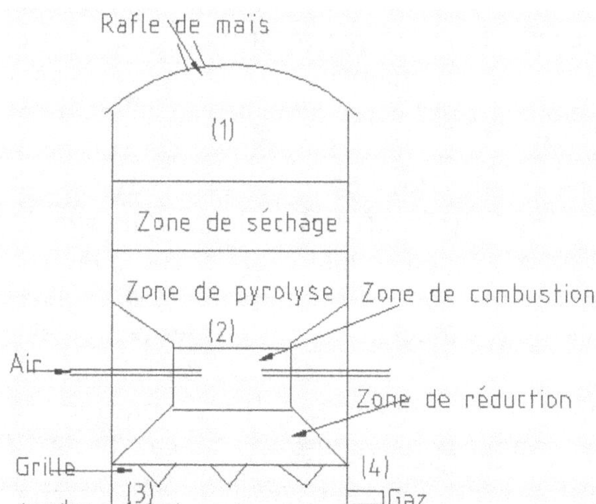

Figure 1 : Illustration du fonctionnement d'un gazogène co-courant

La rafle de maïs introduite dans la partie supérieure **(1)** descend par gravité dans le réacteur et réagit au contact de l'air **(2).** Le gazéificateur peut être compartimenté entre la zone de pyrolyse et la zone de combustion (gazogène à lit étagé). La transformation conduit à produire un gaz et un résidu solide, des cendres de gazéification. Ces cendres sont récupérées en partie basse du réacteur **(3).** Les gaz formés quittent le réacteur en partie basse après avoir traversé la zone la plus chaude du réacteur, ce qui permet une conversion maximale des vapeurs de pyrolyse **(4).** Le principal avantage des procédés à lit fixes réside dans leur simplicité de construction (Van de Steene & Philippe, 2003). L'alimentation en rafles peut être effectuée manuellement une ou plusieurs fois par jour, et pour des puissances plus importantes, le système peut être complètement automatisé.

1.1.2. Équipements auxiliaires

Les équipements auxiliaires sont ceux permettant de nettoyer le gaz de synthèse et comprennent : un échangeur de chaleur, un cyclone, un laveur de gaz à eau, deux filtres à lit de sable et un filtre en fibre de verre.

- Échangeur de chaleur et cyclone

Les cyclones font partie des séparateurs mécaniques qui permettent le dépoussiérage du gaz pollué à partir d'un mouvement rotatif. Le principe est simple, les particules se dirigent vers les parois du cyclone sous l'influence de la force centrifuge. À cet endroit, elles s'agglomèrent et sont transportées sous l'action de la pesanteur dans la trémie du cyclone. Le gaz épuré remonte au centre du tourbillon par la cheminée centrale du cyclone. La formule qui suit permet de décrire l'accélération centrifuge (a) à partir de la vitesse (v) du gaz et du rayon (R) de la conduite : $a = v^2/R$. La figure 2 illustre le principe de fonctionnement d'un cyclone tout en montrant le mouvement des gaz et des particules à l'intérieur de ce dernier. Ainsi les gaz sont extraits à travers la voie située au-dessus, tandis que les particules sont déposées au fond pour une éventuelle évacuation. Quant à l'échangeur de chaleur (figure 3), il est à contre-courant. Il est constitué de deux tubes concentriques verticaux dans lesquels le gaz passe dans la partie intérieure tandis que l'eau de refroidissement passe dans la partie extérieure.

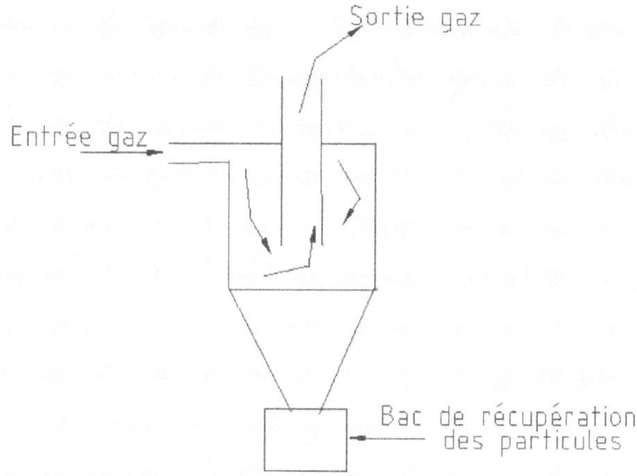

Figure 2 : Illustration du principe de fonctionnement d'un cyclone

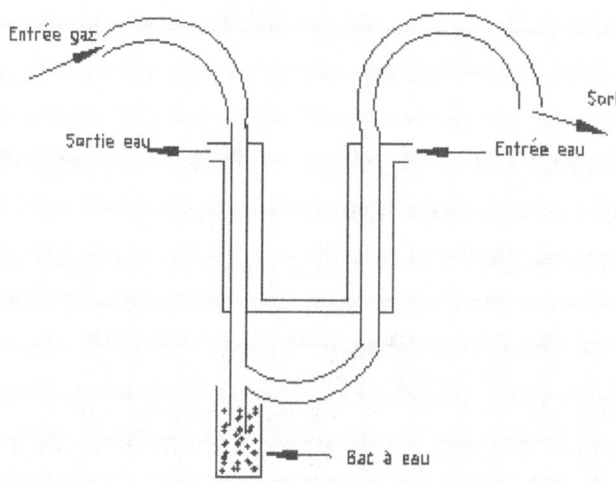

Figure 3 : Schéma de l'échangeur de chaleur à contre-courant

- Laveur de gaz à eau associé à une tour secondaire

Différentes techniques peuvent être utilisées pour enlever les particules et condenser les goudrons. La technique utilisée ici est une tour de pulvérisation (figure 4) qui est très simple et excellente pour l'enlever de grosses particules et condenser les goudrons. Dans cette tour, l'eau est pulvérisée du haut vers le bas tandis que le gaz passe du bas vers le haut. La tour secondaire quant à elle, va permettre de réduire la vitesse des gaz et d'augmenter le temps de séjour des gaz pour rééquilibrer le système.

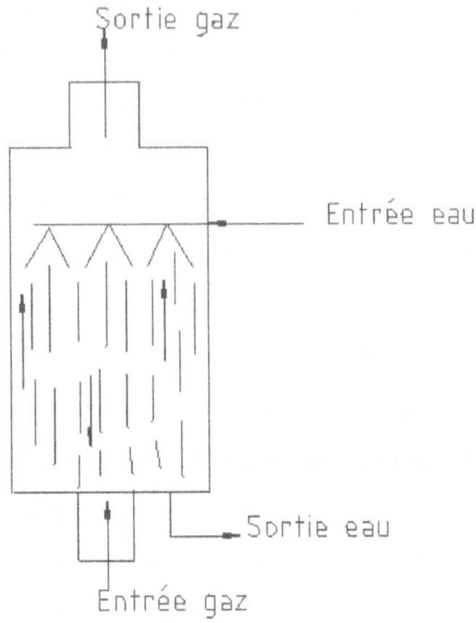

Figure 4 : Illustration du tour de pulvérisation du laveur de gaz à eau

- Filtre à lit de sable et un filtre en fibre de verre

Les filtres à lit de sable (figure 5) sont placés l'un à la suite de l'autre. Le gaz passe au travers de plateaux de sable d'une granulométrie comprise entre 1 et 2 millimètres – mm – pour le premier filtre et entre 0,4 et 0,8 mm pour le second (Giordano, 1998). Les sacs filtrants remplis de fibre de verre (figure 6) sont reconnus comme les plus convenables pour des applications utilisant des moteurs à combustion interne. Il est recommandé que la vitesse maximale du gaz à travers le filtre soit inférieure à 60 m/h ou 0,01 m/s lorsque le filtre fonctionne à une température de 200 °C (FAO, 1986).

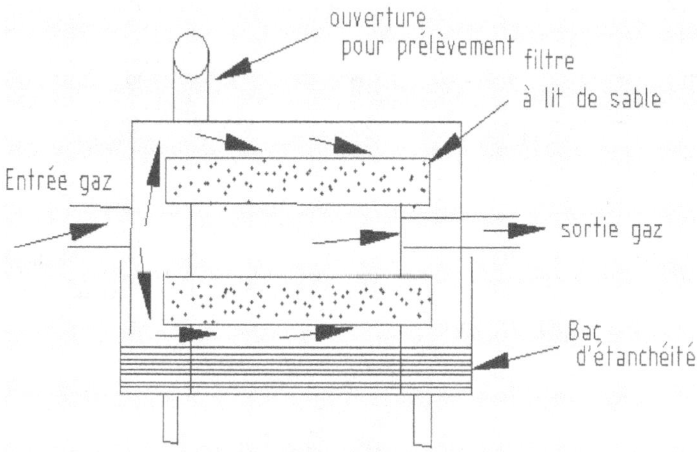

Figure 5 : Schéma du filtre à lit de sable en fibre de verre

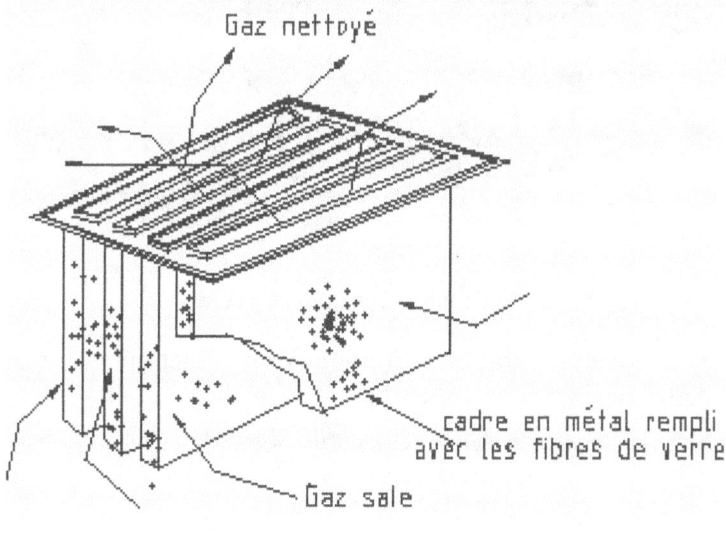

Figure 6 : Schéma standard des sacs filtrants en fibres de verre

- Le groupe électrogène et le ventilateur

Le groupe électrogène à gaz utilisé est de la marque 'Caterpillar' ayant les caractéristiques consignées dans le tableau 1. Le ventilateur quant à lui permet d'aspirer le gaz de synthèse produit et de l'envoyer vers le moteur.

Tableau 1 : Principales caractéristiques du groupe électrogène à gaz

Modèle	Puissance électrique	Puissance thermique	Consommation énergie	Rendement électrique	Rendement cogénération
	KWe	kW	kW PCI	%	%
MG -60	63	86	179	35,2	83,2

Le groupe électrogène à gaz choisi à cet effet est de la marque 'Caterpillar' constitué d'un moteur 'Man E0834' et d'un alternateur 'Marelli MJB225SB' (figure 7).

Figure 7 : Groupe électrogène à gaz MG-60

Le gazéificateur sera conçu pour faire fonctionner le moteur 'Man E0834' ayant des spécifications suivantes :

Nombre de cylindres (N) / Disposition : 4 / en ligne
Alésage (A) / Course (C) : 108 / 125 mm
Taux de compression : 11/1
Vitesse du moteur (TPM) : 1500 tr/min (50 Hz)

1.1.3. Rafle de maïs

La rafle de maïs (figure 8) est une biomasse lignocellulosique. Elle est un sous-produit important obtenu lors de la récupération des grains de maïs. Les rafles de maïs se composent de trois parties : la périphérie et la moelle, qui forment la partie légère et la ceinture ligneuse qui est la partie dure de la rafle. Trois couches différentes (figure 9) peuvent être identifiées selon leur couleur, leur texture et leur forme. La composition thermogravimétrique, élémentaire et moléculaire des rafles de maïs est consignée dans les tableaux 2, 3 et 4.

Figure 8 : Rafles de maïs
Source : agrobiobase.com

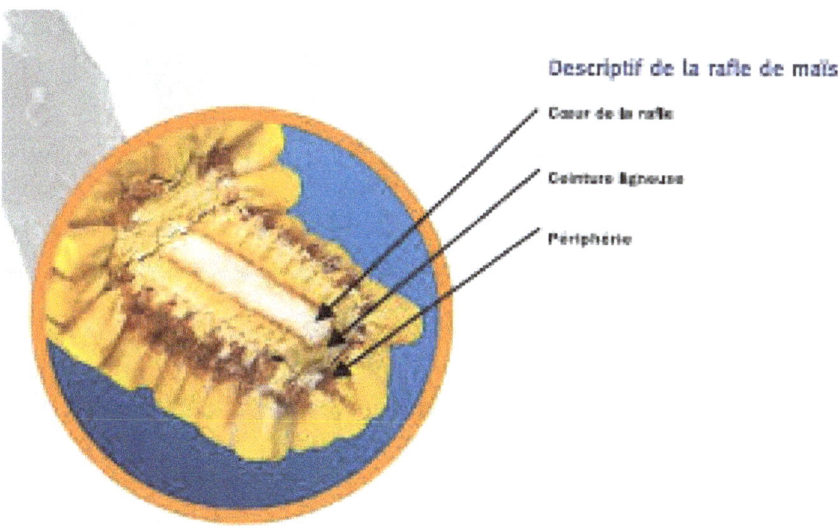

Figure 9 : Observation macroscopique et coupe transversale des rafles de maïs (Pinto et *al.*, 2011)

Tableau 2 : Composition thermogravimétrique de la rafle de maïs (David et al., 2015)

Rafle de maïs	**Taux de cendre (%)**	**Taux de matières volatiles (%)**	**Taux (%) de conversion à 800 °C à 20 °ch/min**
	1,8	85,05	93,78

Tableau 3 : Analyse élémentaire des rafles de maïs (chiffre à l'état sec) (Auri, 2005, et Preto, 2010)

Biomasse	**Valeurs caractéristiques** (*l*a teneur en cendre ; en chlore et en d'autres éléments peut être abaissée en modifiant les cultures choisies, les fractions végétales employées ainsi que le moment et la période de récolte)						
	Cendre %	Carbone %	Hydrogène %	Azote %	Soufre %	Oxygène %	Chlore total (µg/g)
Rafles de maïs	1,5	48,1	6,0	0,4	0,1	44,0	2907

Tableau 4 : Composition thermogravimétrique de la rafle de maïs (David et al., 2015)

Rafle de maïs	**Taux de cendre (%)**	**Taux de matières volatiles (%)**	**Taux (%) de conversion à 800 °C à 20 °C/min**
	1,8	85,05	93,78

1.2. Méthodes

Les méthodes sont structurées autour de la description de la zone du projet, de la détermination du volume maximum du mélange air/gaz ($V_{A/G}$ max) absorbé par seconde, de l'évaluation du volume de gaz consommé (V_G), de la détermination de la puissance thermique fournie par le gaz (Ptg), de l'estimation de la puissance mécanique maximale (P_M max) du moteur, du calcul de la puissance électrique maximale (P_E max) (cos phi générateur = 0,8), de l'évaluation de la puissance thermique fournie par gazéificateur (P_T f), de l'estimation de la consommation de la biomasse par le gazéificateur (Cg), de l'évaluation de la quantité des rafles de maïs (Qr) et de son potentiel énergétique (Per), de la gazéification et du nettoyage du gaz de synthèse produit et enfin de la génération de l'électricité.

1.2.1. Zone du projet

Pour John, « l'essentiel pour un sujet de recherche ne se résume pas seulement au choix d'une méthodologie adaptée à le traiter et à le disséquer dans ses fines profondeurs, mais aussi à le circonscrire dans une sphère géographique où il trouve sa vraie justification et son véritable intérêt. » (John, 1979, p. 47,) Alors, il est nécessaire d'avoir une idée sur la ville de Batschenga où est implantée la société ''Westend Farms PLC''.

La ville de Batschenga est située dans la région du Centre, dans le département de la Lékié et dans l'arrondissement d'Obala. La société ''Westend Farms PLC'' dont le siège se trouve à l'avenue de l'École de Police à Yaoundé, exploite une superficie d'environ 3000 ha à ce niveau. Elle y cultive du soja, du manioc et particulièrement du maïs sur une superficie de 300 ha et va doubler cette dernière d'ici deux ans. Elle y fait également l'élevage de poulets et de porcs.

1.2.2. Détermination du volume maximum du mélange air/gaz ($V_{A/G}$ max) absorbé par seconde

Le volume maximum du mélange air/gaz absorbé par seconde est donné par la formule :

$V_{A/G}$ max = ½ x TPM x N x $\pi/4$ x A^2 x C (FAO, 1986)

1.2.3. Évaluation du volume de gaz consommé (V_G)

Le rapport stœchiométrique air-gaz est 1,1 : 1,0, c'est-à-dire que la consommation d'un mètre cube de gaz nécessite 1,1 m^3 d'air. Alors, le volume du gaz consommé est donné par la formule :

V_G = f x $V_{A/G}$ max/2,1, où f = 80 % est l'efficacité volumétrique du moteur et dépend de la vitesse de rotation, de la conception du collecteur d'admission d'air et de l'encrassement du collecteur d'admission d'air.

1.2.4. Détermination de la puissance thermique fournie par le gaz (Ptg)

Le pouvoir calorifique inférieur (PCI) du gaz est pris à 4800 kJ/m^3. Par conséquent, la puissance thermique fournie par le gaz est donnée par la formule :

Ptg = V_G x 4800

1.2.5. Estimation de la puissance mécanique maximale (P_M max) du moteur

Le rendement du moteur dépend en partie du taux de compression du moteur. Pour un taux de compression de 11 : 1, l'efficacité peut être estimée à 40 %. Ainsi, la puissance mécanique maximale du moteur est donnée par la formule :

$P_M \max = Ptg \times 0{,}40$

1.2.6. Calcul de la puissance électrique maximale (P_E max) (cos phi générateur = 0,8)

La puissance électrique maximale s'exprime à travers la formule :

$P_E \max = P_M \max \times 0{,}8$

1.2.7. Évaluation de la puissance thermique fournie par gazéificateur (P_T f)

Le rendement thermique du gazéificateur est pris à 70 %. Ainsi, la puissance thermique consommée (à charge pleine) est :

$P_T f = Ptg / 0{,}7$

1.2.8. Estimation de la consommation de la biomasse par le gazéificateur (Cg)

Le PCI des rafles de maïs (taux d'humidité inférieur à 20 %) est pris à 16 000 k J/kg. Alors, la consommation des rafles par le gazogène est donnée par la formule :

$Cg = P_T f/PCI$

1.2.9. Évaluation de la quantité des rafles de maïs (Qr) et de leur potentiel énergétique (Per)

Les rafles sont récoltées entre le mois de juin et celui d'août. Une fois récoltées, elles sont séchées soit au soleil soit dans un grenier afin d'atteindre un niveau d'humidité inférieur à 10 % du poids de la matière sèche.

Selon le Cirad (2001), un hectare de maïs produit en moyenne 628 kilogrammes – kg – de rafles à 5 % d'humidité, pour un PCI égal à 16 MJ/kg (**4,4 kWh/kg**) pour un taux d'humidité inférieur à 20 % (Girard & Fallot, 2004). Alors, la quantité des rafles de maïs et son potentiel énergétique sont donnés par les formules :

Qr = rendement à l'hectare * nombre d'hectares et

Per = PCI x Qr

1.2.10. Gazéification et nettoyage du gaz de synthèse produit

Les rafles séchées vont par la suite être introduites dans le gazogène et vont subir plusieurs processus thermochimiques générant ainsi le gaz de synthèse chargé de polluants tels que les goudrons.

À la sortie du gazogène, ce gaz doit d'abord passer dans un cyclone qui doit le débarrasser de grosses particules, ensuite dans une tour de pulvérisation pour condenser les goudrons qui sont récupérés dans les eaux usées. Une fois les goudrons condensés, il faut faire passer le gaz à travers deux filtres à lit de sable et un filtre en fibre de verre.

1.2.11. Génération de l'électricité

Le gaz dépourvu des impuretés est enfin injecté dans le groupe électrogène pour produire l'électricité. Celle-ci est indispensable à la transformation et à la conservation des produits issus de l'exploitation.

2. Résultats et discussions

L'objectif de cette étude est de contribuer à la production de l'énergie électrique par gazéification des rafles de maïs. Cela conduit à l'évaluation de certaines valeurs.

2.1. Quantité des rafles de maïs mobilisables

La quantité des rafles produites dans l'exploitation est consignée dans le tableau 5.

Tableau 5 : Quantité des rafles mobilisables dans l'exploitation de la société "Westend Farms PLC"

"Westend Farms PLC"	Rendement moyen de 0,628 t/ha
Quantité des rafles de maïs (Qr) (t)	188,4

Il ressort de ces résultats que l'exploitation produit 188,4 t de rafles suivant un rendement de 0,628 t à l'hectare. Ce rendement est le plus petit parmi d'autres, issus de plusieurs chercheurs.

2.2. Potentiel énergétique des rafles issues de "Westend Farms PLC"

Les déchets issus des rafles de maïs sont très abondants dans l'exploitation. Au regard de leur contenu énergétique relativement faible, il n'est pas économiquement rentable de transporter le gaz pauvre, même comprimé sur de longues distances. Le tableau 6 donne le potentiel énergétique issu de la quantité récoltable des rafles de maïs dans l'exploitation "Westend Farms PLC".

Tableau 6 : Potentiel énergétique des rafles de maïs

Rafles		
Disponibilité & remarques	La rafle de maïs est la partie centrale d'un épi de maïs, sur laquelle sont accrochés les grains. Elle constitue un déchet de la récolte de maïs. Les rafles de maïs constituent une matière sèche et n'évoluent pas dans le temps si un stockage est nécessaire.	
Quantité des rafles sur 300 ha	Production estimée de rafles[t/ha]	0,628
	Production [t]	188,4
Saisonnalité	Août/septembre	
Pouvoir calorifique [MWh/t]	4,4	
Potentiel énergétique (Per) [MWh]	828,96	
Utilisation actuelle	Ce résidu est abandonné au champ et est le plus souvent brûlé.	
Avantages	Granulométrie régulière. Elle est déjà assez sèche en période de récolte.	
Inconvénient	Elle n'est pas disponible tout au long de l'année.	

En tenant compte qu'à "Westend Farms", la récolte se fait le plus souvent avec une moissonneuse, il est judicieux de fixer un taux de récupération des rafles égal à 50 %. Cela représente environ 94,2 t sur la base de 0,628 t/ha. Le tableau 7 présente le potentiel énergétique des rafles dans l'exploitation "Westend Farms PLC" à Batschenga.

Tableau 7 : Potentiel énergétique des rafles selon différents rendements des rafles à l'hectare

"Westend Farms PLC"	Rendement moyen de 0,628 t/ha
Potentiel énergétique (MWh)	414,48

Un taux de récupération des rafles fixé à 50 % conduit à un potentiel énergétique minimal de 414,48 MWh.

2.3. Valeurs nécessaires pour la production d'électricité dans l'exploitation "Westend Farms PLC"

L'ensemble des calculs faits est consigné dans le tableau 8.

Tableau 8 : Récapitulatif des données calculées de la production d'électricité dans l'exploitation "Westend Farms" PLC

$V_{A/G}$ max (m^3/s)	V_G (m^3/s)	Ptg (kW)	$P_M$max (kW)	P_E max (kVA)	P_Tf (kW)	Cg (kg/h)
0,057	0,0218	104,64	41,856	33,48	149,49	32,4

L'installation utilisera 32,4 / 33,48 x 0,8 = 0,8 kg de rafles pour produire 1 kWh d'électricité. Partant d'un taux de récupération des rafles de maïs à 50 %, l'installation pourra fonctionner pendant 2908 heures. Sachant que le maïs est cultivé deux fois par an dans cette exploitation, ceci conduit à un temps de fonctionnement égal à 5816 heures.

Conclusion

L'importance de l'énergie électrique et son rôle prépondérant dans la lutte contre la pauvreté ne sont plus à démontrer. La biomasse et les rafles de maïs peuvent servir de matières premières pour la production de l'énergie électrique via une valorisation thermochimique telle que la gazéification. Celle-ci pourra permettre à la société "Westend Farms PLC" de produire en une année environ 235 500 kWh ou 235,5 MWh d'énergie électrique pour une consommation de 32,4 kg/h. Cette technologie est cependant assujettie à la nature de la biomasse pour ce qui est de la pureté du gaz de synthèse. Le manque des données prises dans un laboratoire dédié à la gazéification de la biomasse et en particulier la rafle de maïs, constitue l'une des principales limites à la réalisation de ce travail. Dès lors, une étude expérimentale de la gazéification de la rafle de maïs s'avère nécessaire, afin de valoriser efficacement cette ressource et de contribuer au développement de la gazéification de la biomasse.

Références bibliographiques

Cirad-Foret, (2001), *Pyrolyse et gazéification de la biomasse pour la production d'électricité* (Rapport ADEME), Observatoires des énergies renouvelables, 155 p.

David G.F., Adamon., Latif F., Ammar B., Émile S., (2015), *Détermination des paramètres cinétiques globaux de la conversion thermochimique des rafles de maïs et balles de riz du Bénin. Afrique Science*, ISSN 1813-548X, tiré de http://www.afriquescience.info/document.php?id=5500, 11(6) : 23 p.

Dufour A., (2007), *Optimisation de la production d'hydrogène par conversion du méthane dans les procédés de pyrolyse/gazéification de la biomasse,* Thèse de Doctorat, Institut national polytechnique de Lorraine, 261 p.

FAO., (1986), *Wood gas as engine fuel*, ISBN 92-5-102436-7, tiré de http://www.gengas.nu/dokument/ebooks/fao-wood-gas-as-engine-fuel.pdf, 139 p.

Giordano P., (1998), *Production d'électricité à partir du bois-gazéificateur IISc-Dasag couplé à un moteur à gaz Phase II,* (Rapport Office fédéral de l'énergie), Programme de recherche sur la biomasse, 85 p.

Girard P., Fallot A., (2004), *Le rôle de la biomasse pour une meilleure équité énergétique. Quels enjeux pour l'agriculture ?* 18 p.

Göransson K., Söderlind U., He J., Zhang W., (2011), *Review of syngas production via biomass DFBGs. Renewable and Sustainable Energy Reviews*, 15(1), pp. 482-492.

John H., (1979), *Guide de la recherche scientifique*, Paris, Payot, 105 p.

Lédé J., (1999), *Solar thermochemical conversion of biomass. Solar Energy*, 65(1): 13 p.

Maria B., (2002), *Experimental investigation of small-scale gasification of woody biomass,* Thesis doctor ingenior, The Norwegian University of Science and Technology, 287 p.

Pinto J., Paiva A., (2011), *Corn's cob as a potential ecological thermal insulation material*, Energy and Buildings, 43(8): 1985-1990.

Reed T. B., & Das A., (1988), *Handbook of Biomass Downdraft Gasifier Engine Systems*, The Biomass Energy Foundation Press.

Romain B., (2012), *Gazéification de déchets organiques dans un réacteur à flux entraîné : impact des inorganiques sur le fonctionnement du réacteur et le choix des céramiques réfractaires*, Thèse de Doctorat, Université d'Orléans 287 p.

Van de Steene L., (2014), *De la description fine de la gazéification en lit fixe à l'optimisation des procédés étagés*, Mémoire pour l'obtention de l'Habilitation à diriger les Recherches, Université de Perpignan via Domitia, 218 p.

Van de Steene L., Girard P., (2003), *Le point sur la gazéification de la biomasse*, Revue Bois-Energie, n° 1/2003, pp. 25-28.

Van de Steene L., Pinta F., Alphonsine M., Martin E., Valette J., (2009), *Gazéification étagée de plaquette forestière : test et caractérisation d'un réacteur pilote de 75 kWh*, Sciences Sud & Technologies, n° 18, ISSN 0796-5419.

Zhang Y., Kajitani S., Ashizawa M., & Miura K., (2008), *Proposal of a semi-empirical kinetic model to reconcile with gasification reactivity profiles of biomass chars*, Fuel, *87*(4-5), pp. 475-481.

Chapitre III

Étude de faisabilité pour la production de l'énergie à partir de la biomasse dans la commune de campo, région du Sud au Cameroun

Claude Michel TAMO

Chercheur associé au LaME, ENSTP/Yaoundé, Cameroun

NDE Divine BUP

Chercheur associé au LaME, ENSTP/Yaoundé, Cameroun

Introduction

Les ressources énergétiques jouent un rôle crucial dans le développement économique et la réduction de la pauvreté. La fourniture de services énergétiques, notamment pour les pauvres, contribue à l'atteinte de certains Objectifs de Développement durable (ODD), et à l'amélioration des conditions de vie et la réduction de la pauvreté. L'énergie est une source importante pour la croissance économique, l'industrialisation et l'urbanisation d'un pays. Elle est utilisée comme input dans de nombreuses activités de production et de consommation (Esoh, 2015)[9]. Au cours des 40 dernières années, la production d'énergie primaire a plus que doublé. Le pétrole et le charbon comptent à eux seuls plus de 60 % du mix énergétique mondial (figure 10) (Africa Progress Panel, 2015).

Selon les estimations, les énergies fossiles ne cessent de croître (Protégeons la terre, 2013). Elles continueront de croître dans les prochaines années, et connaîtront un pic autour des années 2025, avant

---

[9]Esoh, E. (2015), Ingénierie du développement durable et planification stratégique des politiques énergétiques, Master <Technologies pour l'énergie solaire dans les pays africains>, consulté le 12 avril 2018, sur https://elearning.unipd.it/engineeringforafrica/pluginfile.php/4568/mod_resource/content/1/Mod.1%20Histoire%20Concept%20Developpement%20durable.pdf.

de baisser considérablement. Cependant, les besoins énergétiques ne cesseront d'augmenter et il est plus qu'urgent de s'appuyer sur les nouvelles formes d'énergies pour maintenir un niveau de croissance soutenable. Les nouvelles formes d'énergies dites renouvelables ont démontré au fil des années leurs capacités à apporter des solutions durables dans un contexte marqué par la forte croissance de la consommation énergétique mondiale et la lutte contre le changement climatique.

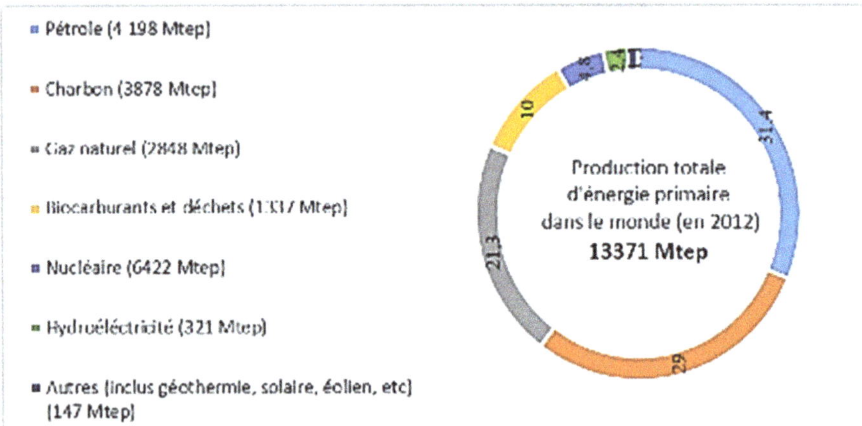

Figure 10 : Production mondiale d'énergie primaire en 2012, d'après les données du "Key World Energy Statistics" 2014 de l'AIE

Il est estimé que les énergies renouvelables ont contribué à 16,7 % à la consommation énergétique finale mondiale en 2010. Elle a atteint 19,1 % en 2013 grâce à la capacité installée et la production qui ont continué de s'accroître (REN21, 2015).

L'État du Cameroun a lancé plusieurs programmes dans l'objectif de résorber le déficit entre l'offre et la demande d'énergie électrique comme le montre le tableau 1. Il s'agit notamment du Programme thermique d'Urgence (PTU), de la construction d'infrastructure hydroélectrique (Mekin (15 MW), de Lom-Pangar (30 MW), de Memve'ele (211 MW), du renforcement des lignes de transport haute tension qui ont permis d'accroître l'offre.

Dans les localités rurales, les coupures d'électricité durent parfois plusieurs semaines, voire plusieurs mois. Les localités éloignées du réseau de distribution sont sujettes à une injustice dans l'accès à l'électricité. En effet, ces localités déjà minoritaires en infrastructures de toutes sortes sont sevrées en électricité au profit des centres urbains.

Tableau 9 : Comparaison entre l'offre et la demande en énergie électrique au Cameroun entre 2012 et 2017

	2012	2013	2014	2015	2016	2017
Offre (MW)	1064	1280	1280	1325	1439	1650
Demande (MW)	950	1100	1200	1300	1350	1700

Source : Commission économique des Nations-Unies pour l'Afrique, 2015

Problématique

En mars 2015 s'est tenu le salon INVEST'ELEC organisé par l'ARSEL. Le maire de la commune de Campo qui y prenait part comme participant avait relevé le déficit énergétique auquel était confrontée sa localité. Selon lui, il y a abondance des ressources disponibles dans la zone (biomasse, cours d'eau, vent pour l'éolien, etc.), mais l'insuffisance de l'énergie électrique est un frein considérable pour le développement économique, social, environnemental et culturel des populations de sa collectivité. Bien plus, il a relevé les atouts et le potentiel que sa commune représente pour le Cameroun de par sa proximité, soit environ 100 à 150 mètres avec la Guinée équatoriale séparée par le fleuve Ntem. Il est important de relever qu'une partie des échanges commerciaux entre le Cameroun et la Guinée équatoriale s'effectue en passant par Campo, d'où la présence d'un poste de la douane camerounaise et d'un campement des forces de défenses militaires, le Bataillon d'Intervention rapide – BIR – et la marine en vue d'assurer la sécurité à cette frontière. Cette préoccupation du maire de la commune de Campo a été l'un des critères qui ont guidé notre choix pour la zone d'étude.

La commune de Campo connaît une crise énergétique, alors qu'elle dispose d'un potentiel non négligeable en matière d'énergie appelé à croître si l'on met les énergies d'origine renouvelable en valeur. Le problème qui est mis en avant est l'insuffisance en énergie électrique considérée comme un frein au développement de la zone rurale de Campo. Compte tenu de l'abondance de la ressource forestière dans cette collectivité, la mise en valeur de ce potentiel existant est une solution qui peut répondre aux besoins en énergie électrique de Campo.

1. Matériels et méthodes

1.1. Présentation de la zone d'étude

La commune de Campo (figure 11) est l'une des huit communes du département de l'Océan, dans la région du Sud-Cameroun avec une superficie de 3135 km². Le décret n° 2001/251 du 13 septembre 2001 estime une population de 6 923 habitants (BUCREP, 2005). Son climat se caractérise par quatre saisons à savoir deux saisons de pluies et deux saisons sèches. Les précipitations y sont abondantes, tandis que les températures y sont modérées, variant entre 18 °C et 31 °C. Le relief est dominé par le plateau sud camerounais avec une altitude variant entre 0 et 1020 mètres. Campo compte 17 villages dont six disposant chacun d'un campement pygmée et 11 quartiers urbains. Cette commune est limitée au nord par les communes de Kribi 1er, d'Akom 2 et de Niété ; à l'est par la commune de Ma'an (département de la vallée du Ntem) ; à l'ouest par l'Océan Atlantique ; et au sud par le fleuve Ntem. La ville de Campo est située à 77 km de la ville de Kribi (chef-lieu du département).

1.1.1. Le sol, la végétation et la flore

Campo présente deux types de sols : les vertisols et les sols ferrallitiques. Sols agricoles par excellence, les vertisols longent principalement la frange sud-ouest de la commune. Elle abrite une Unité forestière d'Aménagement (UFA) N° 09-025. Elle abrite également en partie le parc national de Campo-Ma'an ainsi qu'une forêt communautaire attribuée à la communauté d'Akak.

1.1.2. Le secteur de la santé et de l'éducation

En ce qui concerne le secteur de la santé, la commune de Campo compte cinq établissements sanitaires globalement peu équipés, notamment un hôpital de district (centre-ville), un centre médical d'arrondissement (centre-ville), un centre de santé intégré (Ebodjé), une case de santé non fonctionnelle (Akak).

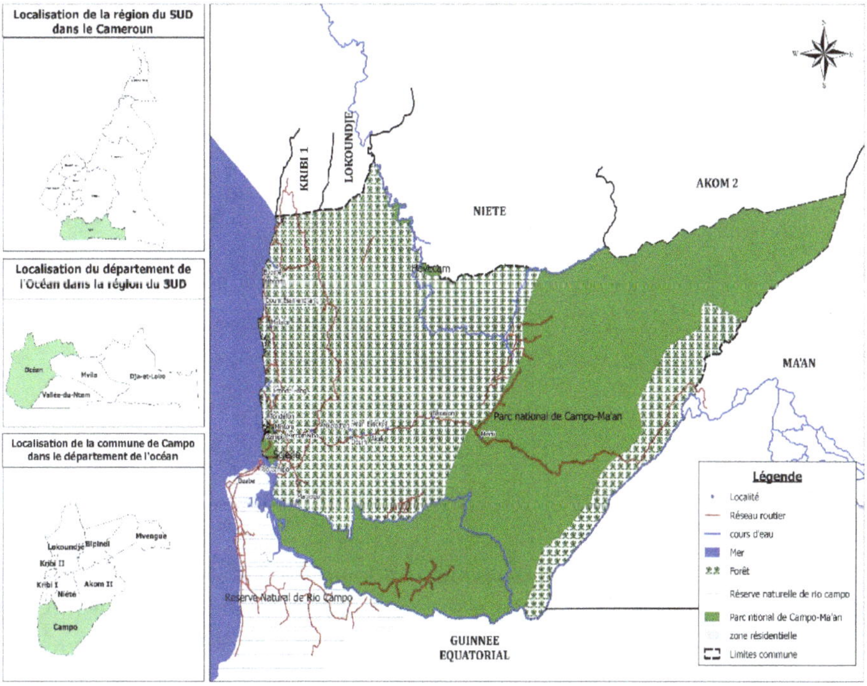

Figure 11 : Localisation de la commune de Campo dans le département de l'Océan

Sur le plan de l'éducation, il existe un lycée d'enseignement général, un Collège d'enseignement secondaire (CES), un lycée d'enseignement technique industriel et commercial, 12 écoles primaires, dont une privée et 11 publiques, six écoles maternelles, dont une privée et cinq publiques.

Les infrastructures sociales telles que les foyers, les centres de promotion de la femme, les centres multifonctionnels, les centres sociaux, etc., n'existent pas dans la commune de Campo. En matière d'infrastructures marchandes, Campo compte un complexe commercial dans l'espace urbain, un hangar dans l'espace urbain (Doumassi) et un hangar à Ebodjé.

Les deux hangars (Doumassi et Ebodjé) susmentionnés sont dans un état de délabrement avancé et semblent abandonnés.

La commune de Campo compte également deux forages dont un non fonctionnel (Ebodjé et Nkoélon), 11 puits modernes tous non fonctionnels, une adduction d'eau potable fonctionnelle couvrant essentiellement l'espace urbain et une source aménagée fonctionnelle.

La cartographie communale du secteur de l'eau montre qu'en dehors de l'espace urbain, seuls cinq villages disposent d'un point d'eau potable. Ainsi, six villages ne disposent d'aucun point d'eau potable tandis que les points d'eau construits dans cinq villages sont en panne.

En matière d'infrastructure énergétique, en dehors de l'espace urbain, deux villages (Mintom et Itonde-Fang) disposent d'installations électriques non fonctionnelles tandis que les villages Ebodjé et Bouandjo ont chacun une centrale thermique de 125 kVA non exploités. En raison d'un fort niveau de vétusté, ce réseau est non fonctionnel à ce jour dans ces villages.

1.1.3. Description du réseau électrique de distribution moyenne tension (MT)/basse tension (BT) d'ENEO

Dans l'espace urbain, il existe un réseau électrique MT/BT triphasé de tension 30 kV constitué de deux transformateurs, l'un d'une puissance de 160 KVA et l'autre d'une puissance de 100 kVA et le réseau électrique MT/BT monophasé de tension 17,5 kV pour alimenter Campo Beach avec un transformateur qui a une puissance de 25 kVA.

1.1.4. Description de la centrale thermique de production électrique d'ENEO

La centrale thermique qui alimente la zone de Campo urbaine et Campo Beach a une puissance globale installée de 333 kW, qui appartient à l'entreprise ENEO et est constituée de trois groupes électrogènes :

- Le premier groupe a une puissance de 133 kW, de marque 'Caterpillar' et fonctionne à 80 % de sa charge.
- Le deuxième groupe a une puissance de 120 kW, de marque 'Cummins' et fonctionne aussi à 80 % de sa charge.
- Le troisième groupe a une puissance de 80 kW, de marque 'Caterpillar' et fonctionne également à 80 % de sa charge.

Cependant, les horaires de fonctionnement des groupes et leurs couplages varient en fonction de leurs disponibilités. En général, de 6 heures à 18 heures, deux groupes fonctionnent et de 18 heures à 6 heures, les trois groupes sont en marche. Compte tenu de cette exploitation, il arrive que ces groupes soient en panne même avec la maintenance préventive qui est assurée et c'est ainsi que Campo fait l'objet des délestages réguliers. Pour pallier aux problèmes d'approvisionnement en gasoil qui servent de combustible aux groupes du fait de la mauvaise qualité des routes, l'entreprise ENEO s'est dotée de trois grandes citernes pour le stockage du combustible gasoil, chacune d'une capacité de 15 000 litres, soit un total de 45 000 litres.

Tableau 10 : Données sur les pointes et les consommations moyennes de gasoil enregistrées pendant cinq mois au cours de l'année 2015

Mois	Juillet	Août	Septembre	Novembre	Décembre
Pointe moyenne enregistrée en kW	166	162	170	185	209
Consommation hebdomadaire en gasoil enregistrée en litres	735	735	765	800	850
Consommation hebdomadaire moyenne de gasoil pour produire 1 kW en litres	4,33	4,54	4,5	4,33	4,07

Source : Données de terrain collectées au sein de l'Agence ENEO de la ville de Campo

1.2. Matériels

Face à l'étendue du territoire de la commune, il était important de se doter du matériel non seulement pour la collecte des informations, mais aussi pour la matérialisation des lieux dits d'intérêt pour permettre de faciliter leur exploitation et leur géolocalisation à travers une carte. Nous avons élaboré deux questionnaires d'entretien dont l'un est destiné aux institutions et l'autre aux populations.

1.3. Méthode de collecte et d'analyse des données

La collecte des données s'est effectuée à l'aide d'un guide d'entretien qui a servi de fil conducteur en se servant des objectifs de recherche et les questions contenues dans les questionnaires portaient essentiellement sur les problèmes énergétiques et de leur connaissance sur les projets d'énergie par biomasse pour améliorer le déficit d'énergie. En effet, nous cherchons à savoir si elles ont connaissance de cette technologie et du potentiel énergétique que la zone d'étude offre par ses ressources par rapport aux grands travaux d'exploitation des ressources naturelles et à la vision des politiques de développement pour Campo.

Nous allons procéder à une analyse exploratoire qui est la collecte de données via une descente de terrain. Il s'agit de procéder à des recueils de données, des entretiens et enfin les questionnaires. Ainsi, il est question de structurer les entretiens autour de trois groupes de questionnement :

- savoir s'il y'a déficit ou pas en énergie électrique dans la commune ;
- connaître le volume des ressources biomasses dont dispose la commune ;
- recueillir les avis sur l'amélioration du déficit énergétique de la commune à travers la technologie biomasse.

Après la mise sur pied du guide d'entretien, nous passons à la rencontre avec les acteurs au centre de notre étude.

En ce qui concerne les populations, une sélection des personnes à questionner est effectuée en tenant compte du type d'habitation qu'elles occupent et aussi de l'activité ou du métier exercé. À la suite de ce ciblage, le questionnaire permettra de connaître leur mode de vie au quotidien et notamment s'informer sur les pratiques existantes en matière de production énergétique d'une part, évaluer l'impact et juger des limites de celles-ci sur le plan économique et environnemental d'autre part.

Par ailleurs, le nombre des institutions étatiques et privées n'étant pas disproportionné, nous avons effectué des entretiens sur la base d'un questionnaire relatif aux institutions et autres. Ce questionnaire devait nous permettre de recueillir leurs avis sur le problème du déficit énergétique auquel ils font face d'une part et d'ouvrir une fenêtre sur les différentes solutions qui peuvent être trouvées face aux abondantes ressources disponibles d'autre part, à l'instar de la solution que la biomasse peut apporter.

L'exploitation documentaire pour sa part a consisté en la récupération des ouvrages et tous les autres documents disponibles et ayant traité ou non le problème du déficit énergétique dans la commune de Campo.

À l'issue des enquêtes et collectes de données, nous avons effectué une analyse et un traitement des données collectées.

En outre, le traitement des données de terrain a impliqué un ensemble des données qui a subi un processus d'inspection, de triage, de sélection et de modélisation des données dont le but était de ressortir les informations utiles qui suggèrent des conclusions et peuvent nous permettre de soutenir la prise de décision. Pour ce travail, l'exploration de données répondait à nos attentes de confirmation du constat observé. C'est ainsi que l'analyse de données de confirmation (CDA) a été la méthode retenue.

Pour finir, l'analyse documentaire a consisté à extraire des textes tous leurs sens et les transmettre à ceux qui en ont besoin. Elle a complété le travail qualitatif que nous avons réalisé. Elle a permis une meilleure compréhension des facteurs de développement au Cameroun en général et dans la commune de Campo en particulier, pour le renforcement du volume de production énergétique en mettant un accent sur les aspects environnementaux, financiers et techniques qu'apportent les énergies renouvelables.

1.4. Dimensionnement des installations de production électrique par biomasse

La méthode de dimensionnement repose sur trois éléments principaux. Le premier élément est l'évaluation de la ressource de biomasse énergétique valorisable par une collecte des données sur les sites abritant des parcelles agricoles avec ou sans unité de transformation industrielle d'une part et sur les sites abritant une scierie d'autre part. Ensuite, il est question de procéder à une analyse des filières de valorisation des déchets identifiés par une estimation du volume de déchets réellement valorisables pour un projet d'énergie (chaleur ou électricité) (ADEME, 2018) et tenir compte du coût dans l'analyse de cette opportunité de valorisation. Enfin, on procède à une évaluation du potentiel d'énergie primaire (kWh) sur le site à travers le pouvoir calorifique de la biomasse disponible. Il en existe deux types : Pouvoir calorifique supérieur (PCS) et Pouvoir calorifique inférieur (PCI). Nous nous sommes intéressés au PCI des différentes essences de bois (tableau 11).

Tableau 11 : Principaux déchets et leurs PCI issus de la biomasse sèche (forestiers et agricoles)

Types de produits	Déchets ou sous-produits	Ratio déchets/Produit	PCI en kcal/kg
Bois	Sciure (50 %)	0,1	2200
	Autres chutes (45 %)	0,6	2480
Maïs	Rafles	1	3500
	Tiges et feuilles	3	2500
Riz	Pailles	1	3000
	Balles	0,2	2500
Mil	Tiges	2	2500
	Épis	0,5	3500
Sorgho	Tiges	2	2500
	Épis	0,5	3500
Coton	Tiges et rafles	2,7	4100
	Coques	0,3	3900
	Linter	1	3500
Noix de coco	Coques (10 %)	0,5	6500
	Fibres (70 %)	3,5	6000

(1 kWh = 860 kcal) (1 kcal =1,16222 Wh)

Une fois que nous avons identifié les déchets à valoriser, nous devons estimer le potentiel énergétique que nous aurons tant en chaleur (thermique) qu'en électricité (électrique) (tableau 12).

Tableau 12 : Détermination du potentiel énergétique valorisable

Désignation	Unité	Équation
Potentiel énergétique primaire	kWh/an	$E_p = \sum_i (Mi \times PCI_i)$
Potentiel de l'énergie thermique totale	kWh_{th}/an	$E_{th} = \eta_{th} \times E_p$
Potentiel de l'énergie électrique totale	$kWh_{é}$/an	$E_{élec} = \eta_{élec} \times E_p$
Potentiel de la puissance thermique totale	kWh_{th}	$P_{th} = E_{th} / H$
Potentiel de la puissance électrique totale	$kWh_{é}$	$P_{élec} = E_{élec} / H$

Pour ce qui est du choix des technologies favorables à la bonne valorisation, nous avons ici d'une part, un premier niveau qui est le bon choix de la technologie pour la mise en valeur de la ressource primaire et d'autre part, le second niveau qui est le bon choix de la technologie pour la mise en valeur de la ressource secondaire issue de la ressource primaire.

Le choix de la technologie au niveau primaire tient compte du type de biomasse et dans notre cas, nous avons la biomasse sèche prépondérante (déchets de bois de la transformation forestière) qui offre deux techniques de valorisation à savoir l'utilisation d'un gazogène pour la production d'un gaz de synthèse (Syngas) ou l'utilisation d'un four ou d'une chaudière à combustion pour la production de la vapeur. Le choix final revient à la technologie qui offre un maximum d'avantages et un minimum d'inconvénients (Xylowatt S.A, 2007) et (Économie solidaire, 2011).

Le choix de la technologie au niveau secondaire tient compte du type de ressources secondaires (Syngas ou vapeur) obtenues et à valoriser. Dans notre cas, nous avons deux principales techniques de valorisation à savoir l'utilisation d'un moteur à gaz ou d'une turbine à gaz auquel on associe un alternateur pour la production de l'électricité (Heteu, 2007) (ADEME, 2001) ou l'utilisation d'un moteur à vapeur ou d'une turbine à vapeur (ValBiom, 2004). Le choix final ici revient à la technologie qui offre un maximum d'avantages, moins d'inconvénients et de la taille du projet à développer.

En ce qui concerne l'estimation du coût global de l'installation, plusieurs paramètres entrent en jeu dans l'évaluation du coût d'une installation, tenant compte de l'ensemble des charges provenant de l'installation et du temps de retour sur investissement. Le tableau 13 nous présente de façon détaillée comment faire cette évaluation.

Tableau 13 : Détermination du coût total d'une installation

Désignation	Équation ou valeur	Source
Coût global	$I_0 + \sum_{t=1}^{N} \frac{D_t}{(1+a)^t} - \frac{V_N}{(1+a)^N}$	(Catarina, 2004)
Coût d'investissement	Puissance électrique totale à installer * prix d'un KWé	
Coût d'exploitation	Coût de la main-d'œuvre Coût du combustible primaire Coût annuel de maintenance	(Silla, 2003) et (Heteu, 2007)
Coût du transport des équipements importés	Il dépend du transporteur	
Coût de la douane	Il dépend du pays et de la loi fiscale	
Coût de la ligne de distribution électrique	Il dépend de sa longueur et de ses caractéristiques techniques	les prix peuvent être ceux du concessionnaire de distributions ENEO
Coût des études	5000 dollars pour un investissement de moins de 2 millions de dollars, 3 % du montant à investir.	(Catarina, 2004) (Heteu, Gazéification de la biomasse, 2007)
Cash-flow (C_f)	(Recettes imputables au projet) – (Dépenses imputables au projet)	
Taux d'actualisation (Tar)	$(1+I_n)^{-n}$	
Valeur actuelle nette (VAN)	$-I + \sum_{i=1}^{n} C_{Fi} * (1 + Tar)^{-i}$	(Bounie, 2004)
Taux de Rentabilité interne (TRI)	$\sum_{i=1}^{n} C_{Fi} * (1 + Tar)^{-i}$	

2. Résultats

Nous présenterons ici les résultats remarquables issus de notre étude, lesquels sont nécessaires pour l'estimation de l'énergie potentiellement productible selon la ressource primaire disponible, le choix des différents équipements de l'installation. Nous finirons avec une présentation du coût de l'ensemble des installations.

2.1. Potentiel de biomasse obtenue des acteurs

La présence de l'usine de la Société camerounaise d'Industrie et d'Exploitation de Bois – SCIEB – à Campo qui exploite l'Unité forestière aménagée – UFA – N° 09-025 et la présence des agents des eaux et forêts en charge du contrôle et de la gestion du patrimoine forestier ont été un avantage non seulement pour faciliter l'obtention des données, mais aussi par leurs rôles de régulateur des coupes de bois et de protection des essences interdites. Le tableau 14 présente les caractéristiques des essences de bois les plus exploitées à Campo.

Tableau 14 : Caractéristiques physiques des essences de bois

Essences de bois	Masse volumique	Source
Bubinga	750 – 950 kg/m^3	(J. Gérard, et al., 1998, p. 44)
Doussié blanc et rouge	700 – 880 kg/m^3	(J. Gérard, et al., 1998, p. 58)
Tali	800 – 1050 kg/m^3	(J. Gérard, et al., 1998, p. 169)
Eyoum rouge	626 – 800 kg/m^3	(J. Gérard, et al., 1998, p. 169)

Nous considérons que la masse volumique (M_v) moyenne commune pour le calcul de la masse des déchets en fonction des différentes essences de bois citées ci-dessus équivaut à (M_v) = 800 kg/m^3 et considérons aussi que le taux de déchets global qu'on peut obtenir sur une grume est de 60 % avec un taux d'humidité de 12 %. Dans le tableau 7, nous avons le volume des déchets de bois sur environ trois années pour l'UFA appartenant à la scierie de Campo.

Tableau 15 : Évaluation des déchets de bois de l'UFA

Année	2013	2014	2015	2016
Volume total des grumes de bois exploité ou à exploiter en m^3/an	12 224	10 000	Travaux de réfection et de maintenance générale de l'usine	9 000 en prévision
Volume total des déchets à valoriser pris à 60 % du volume total des grumes exploitées en m^3/an	7 334,4	6 000	Travaux de réfection et de maintenance générale de l'usine	5 400 en prévision
Masse totale de déchets produits et potentiellement exploitables en tonne/an (M_v= 800 kg/m^3)	5 867,52	4 800	Travaux de réfection et de maintenance générale de l'usine	4 320

Source : Données de terrain collectées au sein de la SCIEB de la ville de Campo

De même, nous avons constaté que les résidus issus de la cueillette des noix de coco (tableau 16) constituent la seconde ressource primaire prépondérante après les déchets de bois, malgré l'archivage des données qui n'est pas régulièrement tenu à jour.

Tableau 16 : Évaluation des déchets de noix de coco

Année	**Nombre moyen de noix de coco cueillies par an**	**Masse moyenne d'une noix de coco en kg**	**Pourcentage moyen des déchets (fibre et coque) sur la noix de coco**	**Masse moyenne de déchets valorisables sur la noix de coco en kg**	**Masse totale moyenne de déchets valorisables sur un an en kg**
2015	15 000	1,5	80 %	1,2	18 000

Source : Données de terrain collectées dans les Services des eaux et forêt de Campo

2.2. Estimation des valeurs provenant du potentiel primaire valorisé

Le tableau 17 présente après calculs, les valeurs provenant du potentiel primaire valorisé tant pour les déchets issus des grumes de bois que pour les déchets issus des noix de coco.

Tableau 17 : Résultat issu du potentiel primaire valorisable

N°	Désignation	Unité	Valeur obtenue
1	Masse des déchets à valoriser		
	Masse de bois	T/an	4320
	Masse de noix de coco	T/an	18
2	Énergie primaire valorisable		
	Issue de bois	kWh/an	22 330 381
	Issue de noix de coco	kWh/an	30 013,96
3	Énergie électrique valorisable		
	Issue de bois	kWhé/an	6 699 114
	Issue de noix de coco	kWhé/an	9 004,19
4	Énergie thermique valorisable		
	Issue de bois	kWhth/an	11 165 191
	Issue de noix de coco	kWhth/an	15 006,98
5	Puissance électrique productible		
	Issue de bois	kWé	698
	Issue de noix de coco	kWé	1,13
6	Puissance thermique productible		
	Issue de bois	kWth	1 396
	Issue de noix de coco	kWth	1,88

Les valeurs obtenues nous montrent clairement que la puissance électrique potentiellement productible est deux fois supérieure à la puissance électrique installée à la centrale thermique du concessionnaire national ENEO et nous pouvons nous permettre d'affirmer sans risque de nous tromper que la valorisation des déchets viendra à coup sûr améliorer de façon significative l'offre en énergie électrique dans la commune de Campo. Quant à la puissance thermique potentiellement productible, elle pourra permettre non seulement de sécher le bois scié à la scierie avant son exportation, mais aussi de développer une nouvelle filière utilisant de la chaleur.

Notre unité de cogénération biomasse sera constituée des éléments suivants (figure 12) :

- un réacteur de gazéification type co-courant ;
- une unité de filtrage et de lavage de gaz ;
- un échangeur de chaleur ;
- un ensemble turbine à gaz alternateur.

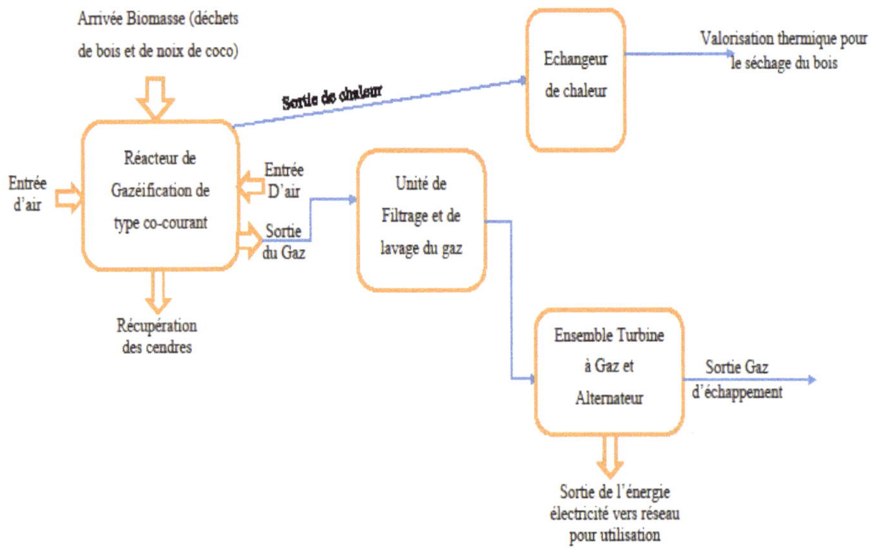

Figure 12 : Schéma de principe de l'unité de production d'électricité par gazéification associée à une turbine à gaz (Syngas)

2.3. Estimation du coût global de l'installation et de son exploitation

Le tableau 18 ci-dessous nous donnera les valeurs pour chaque investissement à effectuer dans la valorisation tant pour les déchets issus des grumes de bois que pour les déchets issus des noix de coco.

Tableau 18 : Valeur des différents investissements potentiels à effectuer

N°	Désignation	Valeur obtenue	Unité
1	Coût d'investissement sur les équipements	2 063 696 478	FCFA
2	Coût d'exploitation		
3	Coût de la main-d'œuvre par an	9 504 000	FCFA
4	Coût du combustible primaire par an	4 320 000	FCFA
5	Coût annuel de maintenance	61 910 894	FCFA
6	Coût du transport des équipements	3 279 785	FCFA
7	Coût de la douane	340 509 919	FCFA
8	Coût de la ligne de distribution électrique	40 488 660	FCFA
9	Coût des études du projet	61 910 894	FCFA

2.4. Rentabilité du projet

Les tableaux 19 et 20 nous donnent les valeurs sur le prix de revient du kilowatt heure et permettent de se projeter sur la rentabilité ou non de l'investissement sur une durée d'exploitation de 20 ans.

Tableau 19 : Étude de la rentabilité du projet sans une subvention

N°	Désignation	Valeur obtenue	Unité
1	Prix de revient théorique du kilowatt heure	18,86	FCFA/kWh
2	Recette théorique annuelle	126 515 105	FCFA
3	Dépense théorique annuelle	75 734 894	FCFA
4	Cash – flow	50 780 211	FCFA
5	VAN sur 20 ans		
	Scénario à 18,86 FCFA/kWh	-1 948 395 033	FCFA

Le montant du prix du kilowatt heure à 18,86 FCFA, sans une subvention nous donne une valeur actuelle nette négative, ce qui montre que le projet n'est pas rentable.

Tableau 20 : Étude de la rentabilité du projet avec une augmentation du prix du kilowatt heure

N°	Désignation	Valeur obtenue	Unité
1	Prix du kilowatt heure pris	50	FCFA/kWh
2	Recette théorique annuelle	335 405 900	FCFA
3	Dépense théorique annuelle	75 734 894	FCFA
4	Cash – flow	259 671 006	FCFA
5	VAN sur 20 ans		
	Scénario à 50 FCFA/kWh	132 157 285	FCFA

Le montant du prix du kilowatt heure pris à 50 FCFA sans une subvention nous donne une valeur actuelle nette positive, ce qui montre que le projet est bien rentable.

La rentabilité de ce projet en plus d'être économique, sera sociale et environnementale.

3. Discussion

L'analyse des résultats sur la rentabilité économique montre de prime abord que le projet, au premier regard, n'est pas rentable si le prix de vente du kilowatt heure par rapport au prix de revient de la production à 18,86 FCFA n'est pas bien encadré à cause du coût des équipements encore très élevé, ceci bien que ce prix soit inférieur à celui pratiqué par ENEO. Cependant, lorsque le prix du kilowatt heure est pris à 50 FCFA bien que toujours inférieur au prix du concessionnaire ENEO dans la localité, le projet devient rentable à partir de la 18e année, permettant ainsi aux investisseurs de rentrer dans leurs fonds d'une part et d'autre part aux populations dans cette localité d'avoir une énergie efficace en quantité et en qualité tant sur le plan environnemental et social qu'économique et culturel.

Rappelons aussi que le projet bénéficie d'un Partenariat public privé (PPP) avec des subventions par le biais d'outils de financement du Fonds spécial d'Équipement et d'Intervention intercommunale – FEICOM –, du Fonds de l'Énergie rurale – FER – et de la taxe carbone compte tenu de la faible émission nette du dioxyde de carbone lors de la production d'énergie (Neave, 2013).

La vulgarisation de cette technologie dans les zones rurales détenant de la ressource primaire (déchets de bois) en abondance, peut sur effet de levier être une participation non négligeable dans la lutte contre le réchauffement climatique (Neave, 2013) et ainsi, l'aspect positif aussi est la préservation environnementale au bénéfice des générations futures.

Le tableau 21 nous montre que les sources d'énergie fossiles ont un taux d'émissions de CO_2 huit fois supérieur aux sources d'énergie renouvelable. Cette situation nous démontre clairement que l'avenir dans la préservation de notre espace de vie (environnement) passe par la valorisation à grande échelle des énergies renouvelables.

Tableau 21 : Taux d'émission du CO2 suivant le type de source d'énergie

Émissions nettes de dioxyde de carbone (CO2) provenant de la production d'énergie[1]	
Source d'énergie	Grammes de CO2 par Kilowatt/heure (g/kWh)
Combustible de bois	25
Vent	8
Gaz	194
Mazout	265
Charbon	291
[1]England Forestry Commission (à jour). A guide to small-scale wood fuel (biomass) heating systems. Coordinated Woodfuel Initiative. 18 pages.	

Le schéma des différents procédés de traitement de la biomasse par la technologie de cogénération (figure 13), bien qu'étant peu valorisé à ce jour au Cameroun et inexistant dans la commune de Campo, peut être une opportunité de s'inscrire dans le futur (INRA [Science et Impact], 2013) à travers plusieurs perspectives. En effet, on peut envisager de développer d'une part, une industrie de transformation de la cendre issue de la gazéification en fertilisant des engrais dans le domaine de l'agriculture ou en liant dans l'industrie du ciment, du béton comme matériaux de construction pour les routes (Kaliès, 2016) et d'autre part, de mettre sur pied le procès de production du biodiesel (biocarburant) (MORIN, 2017) par valorisation aussi du Syngas issu de la gazéification dans un procédé de raffinage. Cette gazéification peut permettre de réduire de manière considérable l'exploitation des ressources fossiles et de développer à grande échelle des filières d'exploitation agricole pour la bioénergie (Neave, 2013).

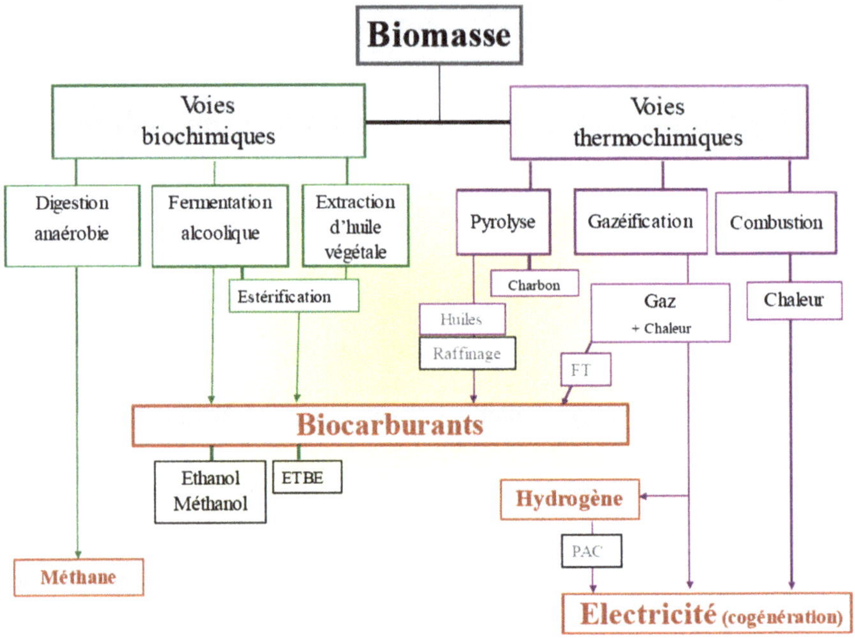

Figure 13 : Schéma des différents procédés de traitement de la biomasse (Carlesi, 2012)

Conclusion

Ce travail de recherche aborde le problème de l'insuffisance de l'énergie électrique en milieu rural et semble être un élément incontournable dans le processus de développement des localités rurales. La non prise en compte de cet élément pour le développement des activités génératrices de revenus au bénéfice des populations dans ces localités, par la conception et la mise en œuvre de programmes énergétiques dédiés exclusivement pour la zone rurale, limiterait l'exode rural des jeunes qui vide la zone rurale alors que ceux-ci sont des sujets indispensables à son développement. L'une des raisons de cette émigration serait due au faible niveau de revenu en zone rurale, mais aussi au manque d'équipements de pointe pour le confort des populations sur le plan sanitaire, scolaire, communicationnel et même ludique.

L'objectif est de concevoir en fonction de la ressource primaire disponible, un système de production énergétique pour répondre efficacement à la demande énergétique de la commune de Campo, de manière à booster le développement dans la localité et limiter fortement l'exode rural et ainsi rejoindre sur le plan international l'initiative d'énergie durable pour tous des Nations-Unies (SE4ALL).

De manière plus spécifique, nous avons pu démontrer que les déchets de bois et de noix de coco étaient les ressources en biomasse primaire prépondérantes dans la zone d'étude. Nous avons également estimé l'énergie primaire des déchets potentiellement valorisables, les puissances électrique et thermique globales pouvant être générées par cette unité de cogénération. Cependant, le constat fait nous montre que si le prix de revient du kilowatt heure est ajusté, même en dessous de celui pratiqué par le concessionnaire dans la zone, il peut permettre à ce projet d'être rentable sur le plan financier et permettre une réduction des GES par rapport à la centrale thermique à gazole existante.

Ce projet peut également s'intégrer et même s'inscrire dans les ODD et au passage, permettre le développement d'autres opportunités pour la scierie à travers le séchage de son bois débité, la création d'une industrie pour la valorisation des cendres et le développement d'une petite unité de raffinage pour le biocarburant.

Références bibliographiques

ADEME., (2001), *Cogénération à partir de biomasse : la filière combustion/vapeur en petite puissance.* Rapport final, Centre d'Angers, Biomasse Normandie et Heat Technics, 17 p.

Africa Progress Panel., (2015), *Énergie Population et Planète : saisir les opportunités énergétiques et climatiques de l'Afrique,* 15 p.

BUCREP., (2005), *Caractéristiques de l'habitat et cadre de vie des populations. Dans Cameroun/BUCREP, Troisième recensement général de la population et de l'habitat,* 54 p.

Carlesi I., (2012), *Étude d'un procédé de gazéification de biomasse en ambiance plasma sur bain de verre*, Thèse de Doctorat N° 09.

Heteu D. P., (2007), *Gazéification de la biomasse*, 63. (D. C. sprl, Éd.) Mons, France, consulté le 9 mars 2016, sur www.ef4.be/documents/formation/forem/forem-ser-biomasse_2.pdf.

INRA (Science et Impact) (2013), *Biomasse et transition énergétique*, Le forum des labos, 22 p.

Gérard J., Edi Kouassi A., Daigremont C., Détienne P., Fouquet D., & Vernay M., (1998), *Synthèse sur les caractéristiques technologiques de référence des principaux bois commerciaux africains,* Baillarguet, France, CIRAD-Forêt, 103 p.

Kaliès, (2016), *Étude et conseil en environnement, énergie et risques industriels,* 12 p.

Morin M. P. (2017), *Gazéification de la biomasse en double lit fluidisé circulant : étude des réactions élémentaires de gazéification et de combustion du char et de reformage des goudrons*, Toulouse, France : Université de Toulouse, consulté le 9 avril 2018, sur http://oatao.univ-toulouse.fr/19462/, 269 p.

Neave E. (2013), *Production d'électricité et de chaleur à partir de la biomasse : un guide pour les communautés rurales au Canada,* Réseau canadien de forêts modèles, Canada, 18 p.

MINEE (2016), *Plan directeur d'électrification rurale du Cameroun*, Yaoundé, Centre, Cameroun, 96 p.

ValBiom (2004), *La filière bois-énergie,* Région wallonne. Valorisation de la biomasse absl, consulté le 9 mars 2016, sur http://www.valbiom.be/files/gallery/la_filiere_bois_energie 1196085690.pdf, 9 p.

Xylowatt S.A., (2007), « Présentation du procédé Xylowatt et analyse de la rentabilité », *in Colloque atee - CIBE du 18 et 19 septembre 2007*, consulté le 9 mars 2016, sur http://www.cibe.fr/IMG/pdf/16_-_Procede_Xylowatt.pdf, 13 p.

Chapitre IV

Étude de faisabilité sur la production de l'électricité à partir du biogaz issu des déchets urbains dans la ville de Yaoundé

Pascal Dejoli NAFACK

Chercheur associé au LaME, ENSTP/Yaoundé, Cameroun

Introduction

À l'aube du troisième millénaire, la majorité de l'énergie primaire est issue de stocks d'énergie fossile qui sont responsables d'émissions importantes de dioxyde de carbone. Depuis le début de l'ère industrielle, la concentration en CO_2 a augmenté pour atteindre 375 parts par million (ppm) (Dupont, 2010). Il est clairement établi que l'activité humaine est responsable de cette augmentation. Or l'augmentation du taux de CO_2 dans l'air, entraîne une augmentation de l'absorption du rayonnement infrarouge émis par le soleil et par conséquent, une augmentation de la température terrestre moyenne qui entraîne un dérèglement climatique. Au Cameroun, malgré l'énorme potentiel énergétique dont regorge le pays, l'électricité produite peine jusqu'ici à satisfaire la demande qui évolue annuellement entre 6 et 7 %. Conséquence : les ménages et les entreprises font généralement face aux coupures d'électricité qui globalement font perdre à l'économie camerounaise un demi-point de croissance chaque année de manière officielle (Investir au Cameroun, 2013). Pour pallier ce déficit en énergie électrique, les énergies fossiles restent encore très sollicitées, notamment à travers des centrales thermiques. Étant donné que les énergies fossiles qui d'ailleurs sont épuisables ont une empreinte écologique, notamment par leur contribution aux émissions de gaz à effet de serre, le développement des sources d'énergies renouvelables permettrait non seulement de protéger l'environnement, mais aussi d'assurer une sécurité énergétique.

Le biogaz est un gaz dont l'utilisation permet de protéger l'environnement tout en améliorant l'hygiène. Selon une étude de l'Agence de l'Environnement et de la Maîtrise de l'Énergie – ADEME –, le biogaz représente dans le monde un gisement comparable à la consommation annuelle de gaz naturel soit 1 800 Mtep/an. Cette énergie étant trop dispersée pour être facilement récupérable, on évalue le potentiel valorisable à une fourchette de 100 à 300 Mtep/an. La quantité valorisée aujourd'hui est de 0,5 % du potentiel valorisable (Dupont, 2010).

La question de gestion des déchets urbains et par extension de la salubrité urbaine est devenue un enjeu important pour la préservation de l'environnement et de la santé humaine pour la communauté urbaine de Yaoundé (collectivité territoriale du Cameroun). Elle a donc opté pour la collecte, le transport, la mise en décharge contrôlée et l'enfouissement technique des ordures municipales sur le site de Nkolfoulou, situé à moins de 10 kilomètres de Yaoundé à travers la société d'Hygiène et Salubrité du Cameroun – HYSACAM –. Actuellement, de nombreux progrès ont été réalisés à Nkolfoulou par la société HYSACAM. Les efforts sont faits pour assurer un confinement efficace et suffisamment durable des déchets et des deux types d'effluents générés à savoir les lixiviats et le biogaz, qui sont à l'origine des impacts environnementaux et sanitaires des décharges. Le lixiviat est récupéré, traité puis réinjecté dans les casiers pour favoriser la production du biogaz, qui lui est capté et plus tôt détruit à travers une unité de torchère. De manière générale, dans un centre de stockage de déchets, les fuites de biogaz existent et suivant les techniques utilisées, seuls 60 à 80 % du biogaz sont récupérés (Solagro, 2007). Ces fuites contribuent ainsi au réchauffement climatique. Pour le cas de Nkolfoulou, le taux de récupération de biogaz peut varier de 50 à 70 % par rapport à la production théorique (Sotamenou, 2012).

Ainsi, compte tenu des différents problèmes d'accès à l'énergie électrique que traverse la ville de Yaoundé (baisses de tension, interruptions spontanées et récurrentes de la fourniture de l'électricité, délestages...), du problème de gestion des déchets urbains et du problème de réchauffement climatique causé par l'utilisation des énergies fossiles, il est important de penser à d'autres alternatives. On est donc en droit de se demander comment on peut concilier la nécessité d'améliorer le cadre de vie de la population de Yaoundé par une politique cohérente d'assainissement et la satisfaction en besoin énergétique des populations. La production et l'utilisation du biogaz provenant des déchets urbains pour produire de l'électricité constituent-elles une véritable option dans la lutte contre le changement climatique ? Ces interrogations sont en droite ligne avec les objectifs du gouvernement camerounais qui, dans le projet de loi portant promotion et développement des énergies renouvelables (ce projet de loi est encore en signature), prévoit une valorisation énergétique de 75 % des déchets à l'horizon 2035. Dans la démarche stratégique du secteur de l'énergie, le ministère de l'Eau et de l'Énergie (MINEE) projette d'augmenter la part des énergies renouvelables dans le bouquet énergétique à hauteur de 5 % en 2020[10]. Elles sont également en droite ligne avec les accords de la Conférence des Parties (COP) 21, ceux de limiter la hausse des températures en deçà de 2 degrés Celsius d'ici la fin du siècle.

Ce travail, qui s'est déroulé en collaboration avec la Communauté urbaine de Yaoundé – CUY – et la société HYSACAM de Yaoundé, est porté sur l'étude de faisabilité en ce qui concerne la production de l'électricité à partir du biogaz issu des déchets de ménage dans la ville de Yaoundé. Il a deux objectifs principaux : gérer les déchets urbains de la ville de Yaoundé en étant plus respectueux de l'environnement et contribuer à réduire le réchauffement climatique en valorisant énergétiquement les déchets urbains de la ville de Yaoundé.

Afin d'atteindre les objectifs de cette étude, nous allons présenter la méthodologie de dimensionnement d'une installation de valorisation du biogaz. Par la suite, nous présenterons les résultats obtenus. La dernière partie de ce travail portera sur l'interprétation des résultats.

1. Matériel et méthodes

Dans cette partie, l'objectif principal est de présenter le matériel utilisé dans le projet, les méthodes de calcul utilisées pour dimensionner le digesteur, les méthodes d'évaluation de la production quotidienne de biogaz et méthane ainsi que l'énergie primaire, les méthodes d'évaluation des besoins en énergie thermique du digesteur, les méthodes de détermination de la quantité d'énergie produite et pour finir une méthode d'analyse environnementale et économique. Pour atteindre ces objectifs, les informations et une partie des méthodes utilisées sont issues des lectures tandis que d'autres méthodes sont des propositions personnelles.

---

[10] Agence de Régulation de Secteur de l'Électricité (ARSEL), 2015.

1.1. Caractérisation de la biomasse

La biomasse utilisée ici est le type de déchet pris en compte par le contrat CUY-HYSACAM.

Le choix de l'échantillon à utiliser s'est fait de la manière suivante : un premier échantillon de déchets organiques a été obtenu à l'issue de 50 prélèvements dans le contenu de 50 camions différents déversé sur le site du Centre de Stockage des Déchets – CSD – de Nkolfoulou en attente d'être stocké dans un casier.

Après homogénéisation de ce premier échantillon, un deuxième y a été prélevé d'une quantité de près de cinq kilogrammes et conditionné dans un emballage plastique.

Ce deuxième échantillon a été émietté à l'aide d'une machette et un kilogramme a été mesuré à l'aide d'une balance et conditionné dans un emballage plastique. Ce dernier échantillon qui a servi d'échantillon final a été transféré le lendemain à l'IRAD de Yaoundé pour être analysé. Arrivé à l'IRAD, cet échantillon a été divisé en sous-échantillons pour servir à trois essais. Le matériel utilisé pour ce prélèvement était constitué d'une paire de gants, d'un cache-nez, d'une pelle, d'une machette et d'une balance.

Le premier essai avait pour but de déterminer l'humidité résiduelle. Il s'est fait suivant la norme NF X 31-102 et selon la méthode gravimétrique.

Le deuxième essai avait pour but de déterminer la teneur en matière organique et en carbone. Il s'est fait suivant la norme NF ISO 14235 et selon la méthode d'oxydation sulfochromique ('Walkley and Black') et spectrométrie UV- vis.

En ce qui concerne le troisième essai, il devait déterminer la teneur en azote. Il s'est fait suivant la norme NF ISO 11261 et selon la méthode de minéralisation et de distillation (Kjeldahl).

1.2. Choix de la technologie

Plusieurs technologies sont commercialisées pour le traitement des résidus organiques municipaux. Parmi ces technologies, les plus répandues sont les technologies 'Kompogas', 'Valorga', 'Dranco', 'Cambi Thermal Hydrolysis Process' (THP), 'Lipp', 'BTA' et 'Linde'. Ces diverses technologies comportent des avantages et des inconvénients. Il n'y a pas une solution unique et définitive. Dans ce sens, la décision pour l'un ou pour l'autre procédé doit être prise après l'analyse approfondie des matières à traiter en conjonction avec les besoins et les contraintes particulières liées à la région qui sera desservie.

La technologie sèche comme 'Dranco' est moins sensible aux contaminants et aux matières inertes. La siccité élevée dans les réacteurs empêche la formation de couches flottantes et de dépôts à la base des cuves, ce qui permet une méthanisation plus constante et une diminution des obstructions des valves et pompes. Aussi, cela procure-t-il une réduction des problèmes mécaniques qui causeraient un arrêt de la production et des dépenses pour la réparation des parties endommagées. En outre, cette concentration plus importante de matières réduit la sensibilité du procédé aux contaminants. Un apport moindre en eau dans le processus a également des conséquences financières. De plus, les liquides excédentaires d'une digestion humide doivent être soit épurés, soit envoyés aux stations de traitement des eaux usées des municipalités, ce qui cause une augmentation des coûts d'opération. Un digestat plus sec rend sa déshydratation moins coûteuse pour la réalisation du compostage.

La digestion des matières dans la plage thermophile est aussi responsable d'une meilleure hygiénisation du substrat. Pour le contexte de la ville de Yaoundé, la technologie 'Dranco' présente beaucoup d'avantages et pourrait être utilisée.

1.3. Méthode de dimensionnement du digesteur et de ses équipements annexes

1.3.1. Évaluation de la fraction fermentescible des déchets collectés

La fraction fermentescible des déchets collectés, qui est de 71,2 % des déchets bruts, a été donnée par l'entreprise HYSACAM.

1.3.2. Taux de charge organique

Le taux de charge organique (Q) exprimé en termes de masse est la proportion de matière organique fermentescible dans le substrat quotidien qui est :

Ici, MO est le taux de matière organique biodégradable dans les déchets et MS, le taux de matière sèche dans les déchets.

$$Q = \text{Masse de déchets biodégradables} \times MS \times MO \ (\text{kg/jour}) \quad (1)$$

1.3.3. Évaluation de la production quotidienne de biogaz, de méthane et d'énergie primaire

- Évaluation de la production quotidienne de biogaz

La production moyenne journalière de biogaz (P) est calculée à partir de la production spécifique moyenne journalière de biogaz (B_o) pour un substrat donné. La quantité de ce substrat est apportée par jour au digesteur.

Dans notre cas, la productivité moyenne en biogaz des déchets urbains B_o pour la technologie 'Dranco' sera prise et égale à $160Nm^3$. En effet, d'après Amarante (2010), la productivité moyenne par tonne de substrat solide introduit dans un digesteur utilisant la technologie 'Dranco' est de $150Nm^3$ pour un temps de séjour hydraulique de 20 jours, ce qui fait une productivité moyenne par jour de $7{,}5Nm^3$ par tonne de substrat entrant en digesteur. En prenant un temps de séjour hydraulique de 25 jours et en prenant en compte le fait qu'après 20 jours la productivité chute énormément, on obtient une productivité moyenne de $160Nm^3$ par tonne de substrat pour un temps de séjour hydraulique de 25 jours. Il faut noter tout de même que cette productivité est très proche des productivités observées dans certaines usines qui traitent les déchets municipaux en utilisant la technologie 'Dranco', à l'instar de l'usine de Cadix en Espagne (145 $\mathrm{Nm}^3/\mathrm{tonne}$ de déchet entrant dans les digesteurs pour un temps de séjour hydraulique de 25 jours), l'usine de Bassum en Allemagne (137 $Nm^3/tonne$ de déchets entrant dans les digesteurs pour un temps de séjour hydraulique de 20 jours) (De Beare, 2008), ou encore l'usine d'Hanovre en Allemagne (175 $Nm^3/tonne$ de déchet brut) (Moletta, 2015).

$$P = masse\ de\ déchets\ biodégeadable\ \times B_0\ (m^3/jour)$$

- Évaluation de la production quotidienne de méthane

Le biogaz issu des déchets urbains, obtenu par la méthanisation contrôlée en digesteur, est composé en moyenne de 55 % de méthane (Dupont, 2010). On aura alors :

$$\text{Productivité quotidienne de méthane} = \text{Production quotidienne de biogaz} \times \frac{55}{100}\ (m^3)$$

- Production quotidienne d'énergie primaire

Connaissant le PCI du méthane qui est de 9,94 kWh/m^3, la production quotidienne d'énergie primaire P_{ep} est donnée par :

$$P_{ep} = \text{Production quotidienne de méthane} \times 9{,}94\ (kWh)$$

1.3.4. Dimensionnement de la préfosse

C'est une première cuve qui permet de stocker les substrats en attente de traitement de méthanisation. Son volume n'est pas nécessairement important du fait que la matière stockée n'y séjourne pas longtemps. Le volume de la préfosse sera déterminé par la formule suivante :

$$\text{Volume de la préfosse} = 2 \times volume\ quotidien\ de\ substrat\ (m^3)$$

1.3.5. Dimensionnement du digesteur

Le digesteur est modélisé par une cuve de forme cylindrique, ayant à sa base inférieure un cône. Le volume total de notre digesteur, encore appelé volume utile, est déterminé par l'équation suivante :

$$\text{Volume total} = \text{temps de séjour des substrats} \times \text{volume quotidien de substrats}\ (m^3)$$

1.3.6. Dimensionnement de la fosse de stockage

Cette fosse permet de stocker les substrats méthanisés et parfois aussi une partie du biogaz produit dans le digesteur. Le volume de la fosse de stockage dépend de la fréquence d'épandage. Dans notre cas, nous la prendrons égale à 30 jours. Le volume de la fosse de stockage est alors donné par la formule :

$$\text{Volume de la fosse de stockage} = 30 \times volume\ quotidien\ de\ substrat\ (m^3)$$

1.3.7. Volume du gazomètre

Le volume du gazomètre (V_g) dépend des niveaux relatifs de production et de consommation du biogaz. Nous prendrons un gazomètre capable de stocker 4 h de production de biogaz. On peut donc prendre :

$$V_g = 4 \times \text{production horaire du biogaz.}\ (m^3)$$

1.4. Méthode d'évaluation des besoins en énergie thermique du digesteur

1.4.1. Cas des pertes par conduction pour le digesteur

On suppose que le digesteur est composé de deux couches de matériaux permettant d'assurer la rigidité de l'isolation de la cuve, comme l'indique la figure 14.

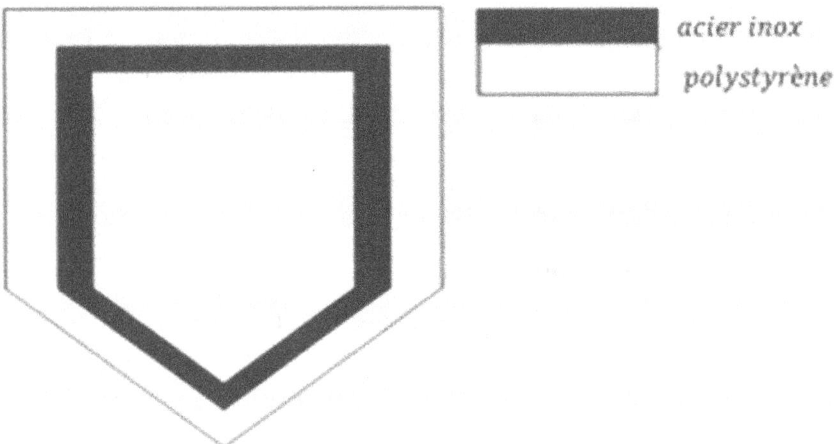

Figure 14 : Vue en coupe du digesteur

Les caractéristiques de ces deux couches de matériaux autorisent le calcul des pertes thermiques par diffusion (les pertes par convection sont estimées être négligeables). L'acier inox est choisi ici parce qu'il résiste mieux aux gaz agressifs (H_2S,NH_3) produits par le digesteur et le temps de construction des digesteurs est réduit. En considérant que les parties latérales (de résistance thermique$R_{la} + R_{lp}$), supérieure (de résistance thermique $R_{ha} + R_{hp}$) et conique du digesteur (de résistance thermique $R_{ca} + R_{cp}$) sont en parallèle, la résistance thermique totale de conduction du digesteur est donnée par la formule :

$$R_{thermique\ totale} = \frac{1}{\frac{1}{R_{la} + R_{lp}} + \frac{1}{R_{ha} + R_{hp}} + \frac{1}{R_{ca} + R_{cp}}}$$

Ici, R_{la} est la résistance thermique de la partie latérale de l'acier,

R_{lp} est la résistance thermique de la partie latérale du polystyrène,

R_{ha} est la résistance thermique de la partie supérieure de l'acier,

R_{hp} est la résistance thermique de la partie supérieure du polystyrène,
R_{ca} est la résistance thermique de la partie conique de l'acier,
R_{cp} est la résistance thermique de la partie conique du polystyrène.

Connaissant la différence de température entre l'extérieur du digesteur et l'intérieur (température de digestion), on peut calculer le flux des pertes thermiques et l'énergie perdue :

$$Énergie_{perdue} = Flux_{pertes} \times 24\ (Wh/jour)$$

(13)

Remarque : Dans le calcul de cette énergie perdue, les pertes dues au pont thermique ont été négligées.

$$\mathrm{Flux}_{\mathrm{pertes}} = \frac{\mathrm{T}_{\mathrm{digestion}} - \mathrm{T}_{\mathrm{extérieure}}}{\mathrm{R}_{\mathrm{thermique\ totale}}} (W)$$

1.4.2. Cas du chauffage du substrat dans le digesteur

Connaissant le volume quotidien de substrat, sa densité et sa chaleur massique spécifique C_m(en $J/kg/°C$), on peut calculer l'énergie de chauffage comme suit :

$$E_{c\,substrat} = V_{Substrat} \times \rho_s \times \left(T_{digesteur} - T_{extérieure}\right) \times \frac{C_m}{3600} (Wh/jour)$$

Ici, $E_{csubstrat}$ est l'énergie quotidienne de chauffage de substrat, $V_{Substrat}$ est le volume quotidien de substrat et ρ_s est la masse volumique du substrat.

1.5. Méthode de dimensionnement de la pompe

Dans le fonctionnement de la technologie 'Dranco', le nouveau substrat qui arrive est mélangé de matières digérées qui sortent généralement par le bas du digesteur. De ce fait, une pompe est nécessaire pour renvoyer le mélange à l'intérieur du digesteur. La puissance hydraulique de la pompe est :

$$P_{H_m} = \frac{\rho_s \times g \times Q \times H_m}{\eta}$$

Ici, g est l'accélération de la pesanteur, Q est le débit la pompe, H_m est la hauteur que la pompe doit vaincre et η son rendement.

1.6. Méthode de détermination de la quantité d'énergie produite

1.6.1. Production quotidienne de l'énergie électrique

Connaissant la production quotidienne d'énergie primaire P_{ep} et le rendement électrique $\eta_{électrique}$, on calcule l'énergie électrique produite quotidiennement.

$$E_{électrique} = Dispo_{gaz} \times Dispo_{machine} \times \eta_{électrique} \times P_{ep}$$

Ici, $Dispo_{gaz}$ est la disponibilité du gaz et $Dispo_{machine}$ est la disponibilité de la machine.

1.6.2. Production quotidienne de l'énergie thermique

Connaissant le rendement thermique$\eta_{\text{thermique}}$, la production quotidienne d'énergie thermique est donnée par :

$$E_{thermique} = Dispo_{gaz} \times Dispo_{machine} \times \eta_{thermique} \times P_{ep}$$

Les disponibilités du biogaz et de la machine sont en général comprises entre 90 % et 98 % (Record, 2009), donc nous prendrons 94 % pour ces deux valeurs dans notre projet.

1.7. Méthode de traitement de biogaz avant utilisation

Avant l'admission du biogaz dans le moteur, il doit subir un traitement qui est fonction de l'usage à en faire. Pour le cas présent où il sera utilisé pour produire l'électricité, le seul traitement à faire sera le séchage et la compression, car il existe des moteurs capables de fonctionner avec des biogaz corrosifs. L'unité de traitement choisie sera fonction du débit de production de biogaz.

1.8. Méthode d'analyse environnementale et économique

1.8.1. Analyse environnementale

De nos jours, l'impact environnemental constitue un critère de décision dans le choix d'une technologie. Afin d'évaluer l'impact environnemental de notre projet, nous allons évaluer le bilan effet de serre que l'on évitera annuellement à l'aide du logiciel 'Diges' développé par l'ADEME et le Centre d'Étude du Machinisme agricole et du Génie rural des Eaux et forêts (CEMAGREF). Cet outil permet de dresser le bilan effet de serre des installations de traitement par digestion anaérobie au regard des émissions de gaz à effets de serre (N_2O, CH_4 et CO_2).

Cette quantité de CO_2 évitée pourrait constituer un projet de Mécanisme de Développement propre (MDP) et pourrait donc être un crédit carbone vendable sur le marché de Kyoto. Il coûterait :

$$Coût(FCFA) = 8 \times 655 \times Quantité\ CO_2\ évitéeparan(tonnes\ eq.\ CO_2) \times duréeprojet.$$

Actuellement, une tonne équivalente de. CO_2 coûte huit € (5 240 FCFA) (Héraud, 2015).

On peut aussi noter que le digestat après maturation peut être vendu sur le marché local sous forme de compost à raison de 1 000 FCFA le sac de 100 kg, ce qui coûterait :

$$Coût(FCFA) = 10 \times quantité\ compost\ par\ an(kg) \times duréetotaleprojet$$

Un kilogramme de compost coûtera alors 10 FCFA.

1.8.2. Analyse économique

1.8.2.1. Le coût d'investissement

D'après une étude conduite par Solagro associé aux bureaux d'études Erep, PSPc, PeriG (consultantes) et Sogreah (bureaux d'études en France), dans l'optique de mener une expertise commune sur la rentabilité des projets de méthanisation rurale, une soixantaine de projets a été examinée dans plusieurs pays (France, Allemagne, Belgique, Suisse). Cette étude a abouti à la conclusion selon laquelle pour une installation d'une puissance 1 000 kWe, le coût d'investissement en Allemagne (leader du biogaz en Europe) est de 2 260 € par kWe (Énergie Plus, 2010). Ce coût d'investissement prend en compte :

- l'aménagement du site, du digesteur, du post-digesteur, du stockage ;
- la réception des matières et l'hygiénisation ;

- la gestion du digestat ;
- la valorisation du biogaz ;
- la valorisation de la chaleur ;
- l'ingénierie. (Énergie Plus, revue de l'association technique Énergie environnement, 2010)

Le coût en question est un coût sur le territoire allemand. Donc pour avoir le coût au Cameroun, une revalorisation de 200 € par kWe a été faite, compte tenu du transport, des frais de douane et du fait que dans le nouveau projet de loi sur les énergies renouvelables, certains matériaux destinés à l'usage dans les énergies renouvelables seront exonérés de certaines taxes.

Ainsi, notre coût d'investissement sera pris à 2 460 € (1 611 300 FCFA) par kWe.

On aura donc :

coût d'investissement (FCFA) = 2 460 × 655 × puissance de l'installation kWhe + coût d'opération et maintenance de la première année du projet

1.8.2.2. Le coût d'opération et de maintenance

Il sera calculé à 25 € (16 375 FCFA) par MWhe par an (Record, 2010). On aura alors :

coût d'opération et de maintenance (FCFA) = 655 × 0,025 × nombre de kWhe par an.

1.8.2.3. Les recettes

Elles sont au nombre de trois : la vente de l'électricité, la vente du compost et la vente de crédits carbone.

Prix de vente de l'électricité par an (FCFA) = prix de vente du kWhe × nombre de kWhe vendus par an.

Prix de vente du compost par an (FCFA) = 10 × 854 400 × 365 ×35/100

La quantité de compost obtenue à l'issue de la digestion anaérobique est égale aux 35 % de la quantité de substrat introduit dans le digesteur (Record, 2010). Si le compost se vend à 1000 FCFA le sac de 100 kg, soit 10 FCFA le kg, on aura :

Prix de vente du crédit carbone par an (FCFA) = 8 × 655 × quantité de CO_2 évitée par an en tonne

Le coût du crédit carbone est fonction de la quantité de tonnes de CO_2évitée par an.

La Valeur actuelle nette (VAN) qui est la valeur actuelle d'un gain futur sera calculée de la manière suivante :

$$VAN = -I_0 + \sum_{k=1}^{N} \frac{CF_k}{(1+r)^k}$$

Ici, I_0 est l'investissement initial, CF_k est le cash-flow généré à l'année K, N est la durée de vie du projet et r est le taux d'actualisation.

2. Résultats

Dans cette partie, il est question de présenter les différents résultats obtenus à partir de la méthodologie présentée dans la première partie.

2.1. Résultats de l'analyse de la biomasse effectuée à l'IRAD

Le rapport de l'analyse de la biomasse effectué à l'IRAD est consigné dans le tableau 22 ci-dessous.

Tableau 22 : Rapport d'analyse de la biomasse effectuée à l'IRAD

Échantillon	% MS	% MO/MB	N (g/kg)	C (g/kg)	% MO_bio/MO
Biomasse	30,30	22,7	5,4	131,6	66,66[11]

Ici, % MS représente la matière sèche en pourcentage de la brute ;

% MO/MB représente le pourcentage de la matière organique par rapport à la matière brute ;

N (g/kg) représente la teneur en azote en g par kg de matière brute ;

C (g/kg) représente la teneur en carbone en g par kg de matière brute ;

% MO_bio/MO représente l'estimation de la matière organique biodégradable.

2.2. Choix du procédé

Le procédé choisi pour notre projet sera le procédé 'Dranco' de la société belge O.W.S. (''Organic Waste System'') qui fut spécialement

[11]Le taux de matière organique biodégradable par rapport à la matière organique des déchets de ménage et assimilés est de 2/3 (Moletta, 2003)

développé pour la biométhanisation anaérobique de déchets organiques, contenant un taux de matières solides relativement élevé.

L'une des principales raisons du choix de cette technologie est le fait qu'elle est moins vulnérable aux contaminants vu que la collecte des ordures n'est pas triée à la source. La productivité en biogaz pour ce procédé peut aller jusqu'à 200 Nm^3 par tonne de déchets entrant en digesteur, ce qui n'est pas le cas pour les autres à sèche (Amarante, 2010). Cette technologie a déjà fait ses preuves dans plusieurs pays (Belgique, Allemagne, France, etc.) Le tableau 23 ci-dessous donne les paramètres du procédé 'Dranco'.

Tableau 23 : Paramètres du procédé

Mode d'alimentation	Type de substrat	Nombre d'étapes	Température	Temps de séjours
Continu	Solide	Monophasé	Thermophile (55 °C)	25 jours

2.3. Évaluation de la production quotidienne de biogaz, de méthane et d'énergie primaire

Les résultats sont consignés dans le tableau 24 ci-dessous :

Tableau 24 : Production quotidienne de biogaz, de méthane et d'énergie primaire

Masse des déchets collectés par jour (en tonnes)	Masse des déchets biodégradables collectés par jour (en tonnes)	Production quotidienne de biogaz (Nm^3)	Production quotidienne de méthane (Nm^3)	Production quotidienne d'énergie primaire (en kWh)
1200[12]	854,4[13]	136 704	75 187,2	747 360,76

Remarque : Pour les calculs de la production quotidienne de biogaz, de méthane et d'énergie primaire, les formules utilisées sont les équations N° 02, 03 et 04 données dans la première partie.

[12] En 2015, HYSACAM a collecté en moyenne 1200 tonnes de déchets par jour (Djietcheu, 2016).

[13] Le taux de déchets biodégradables dans les déchets urbains de Yaoundé était de 71,2 % en 2011 (Djietcheu, 2016).

2.4. Détermination des dimensions de la préfosse, du digesteur et de la fosse de stockage

Ces dimensions seront calculées en prenant en compte le fait que la masse des déchets collectés actuellement par jour (1 200 tonnes) va croître durant les dix premières années du projet. La durée totale du projet est de 20 ans.

2.4.1. Dimensionnement de la préfosse

Le volume de la préfosse est donné par l'expression :

$$\text{Volume de la pré-fosse} = 2 \times V_{Substrat}$$
$$= 2 \times \text{masse quotidienne des déchets biodégradables} / \rho_{déchets}$$
$$= 2 \times 854\,400/420 = 4\,068{,}57 \text{ m}^3$$

$\rho_{déchet}$ est la masse volumique des déchets biodégradables de Yaoundé à l'état brut.

N.B. La masse volumique des déchets biodégradables de Yaoundé à l'état brut est prise à 420 kg/m^3 parce que la densité des déchets urbains de Yaoundé était de 0,42 en 2011 (Djietcheu, 2016).

Le volume de notre préfosse sera aussi fonction de la quantité de déchets collectés par jour à Yaoundé, qui augmente dans le temps comme illustré dans le tableau 25 ci-dessous.

Tableau 25 : Évolution de la quantité de déchets collectés par jour à Yaoundé (Ntoumba, 2009)

Années	2005	2007	2008	2015[14]
Tonnes/jour	692	750	950	1200
Taux de collecte (%)	60	65	80	75

Notre préfosse doit être capable de traiter une masse quotidienne de déchets biodégradables de :

$$854{,}4 + 300 \times 71{,}2/100 = 1\,068 \text{ tonnes.}$$

[14] Les données de 2015 ont été fournies par HYSACAM.

Nous allons prendre une préfosse en forme de parallélépipède rectangle construite en béton (car le béton est moins onéreux que l'acier inox) de volume = $2 \times 1\,068\,000/420 = 5\,086\ m^3$de dimensions :

Longueur = $51\ m$, Largeur = $20\ m$ et hauteur = $5\ m$.

2.4.2. Dimensionnement du digesteur

En prenant un temps de séjour du substrat de 25 jours, le volume total (volume utile) du digesteur est donné par la formule :

$$\text{Volume total} = T_{\text{substrat}} \times V_{\text{substrat}}$$

$$= 25 \times M_{Substrat}/\rho_{déchet}$$

Ici, $T_{Substrat}$ est le temps de séjour du substrat, $V_{Substrat}$ est le volume quotidien de substrat et $M_{Substrat}$ la masse quotidienne de substrat.

Le substrat introduit en digesteur est constitué des déchets broyés et mélangés avec de la vapeur d'eau chaude.

D'après De Beare (2012), un digesteur 'Dranco' d'une capacité de 3 150 m^3 peut traiter 50 000 tonnes de déchets organiques par an, avec un temps de séjour moyen dans le digesteur de 20 jours. Avec ces données, la masse volumique minimale du substrat d'un digesteur 'Dranco' est :

$$\rho = (50\,000\,000/365) \times \frac{20}{3150} = 869{,}75\ kg/m^3.$$

Ainsi, la masse volumique moyenne de notre substrat sera prise égale à 900 kg/m^3.

Donc $\rho_{déchet} = 900\ kg/m^3$.

De plus, le digesteur doit être capable de traiter la quantité croissante des déchets urbains de Yaoundé, soit une quantité moyenne brute de 1500 tonnes par jour, c'est-à-dire une quantité moyenne de déchets biodégradables de 1 068 tonnes par jour.

Ainsi, le volume total de notre digesteur sera présenté de la manière suivante :

$$Volume\ total = 25 \times 1\,068\,000/900 = 29\,667\ m^3$$

Ce volume étant très volumineux, le digesteur sera subdivisé en six digesteurs de 4 945m^3 chacun.

2.4.3. Dimensionnement de la fosse de stockage

Le volume de la fosse de stockage est donné par la formule :

$$\text{Volume de la fosse de stockage} = 30 \times V_{Substrat} = 35\,600 \text{ m}^3$$

Ce volume étant très important, nous allons le subdiviser en trois. Nous aurons alors trois fosses de stockage de $12\,000\ m^3$ de volume chacune.

Nous allons prendre une fosse de stockage en forme de parallélépipède rectangle construite en béton avec les dimensions suivantes : $\text{longueur} = 50 \text{ m}, \text{largeur} = 30 \text{ m}, \text{hauteur} = 8 \text{ m}.$

Le tableau 26 donne le récapitulatif des dimensions du digesteur, de la préfosse et de la fosse de stockage.

Tableau 26 : Récapitulatif des dimensions préfosse, fosse de stockage et digesteur

Dimension de la préfosse			Dimensions de chaque fosse de stockage			Dimension de chaque digesteur			
						Paire cylindrique		Paire conique	
Longueur (m)	Largeur (m)	Hauteur (m)	Longueur (m)	Largeur (m)	Hauteur (m)	Rayon (m)	Hauteur (m)	Rayon (m)	Hauteur (m)
58	20	5	50	30	30	1L, 1	1L, 1	1L, 1	5.5

2.5. Taux de charge organique

Pour calculer ce taux, nous allons utiliser la quantité maximale de déchets qui peut être traitée sur la plateforme. Ce taux est :

$$Q = \text{Masse de déchet biodégradable} \times MS \times MO$$
$$= 1\,068\,000 \times 0{,}2268 = 73\,393{,}38 \text{ kg MO/jour}$$

Le taux de charge en $\text{kg}\frac{\text{MO}}{m^3}.\text{jour}$ est de :

$$Q = 2{,}47 \text{ kg MO}/m^3.\text{jour}.$$

2.6. Volume du gazomètre

Volume gazomètre = 4 × production horaire du biogaz

= 4 × 136 704/24 = 33 784 m^3

Ce volume étant très volumineux, on le subdivisera en deux gazomètres de même volume. Nous prendrons deux gazomètres identiques à double membrane souple, de forme sphérique, avec un volume unitaire de 11 392 m^3.

2.7. Dimensionnement de la pompe

La pompe choisie sera de type à piston, capable d'avoir des débits de l'ordre de 55 m^3/h avec un rendement de 70 % (Srip-France.fr, 2016).

Ainsi,

$$P_{H_m} = \frac{900 \times 10 \times \frac{55}{3600} \times 19{,}5684}{0.7} = 3\,843{,}79\ W = 3{,}84\ kW.$$

Ici, $19{,}5684 = (5{,}5 + 11{,}1 + 2(0{,}008 + 0{,}2)) \times 1{,}15 = H_m$,

$$H_m = (R_{int} + H_{int} + 2(e_a + e_p)) \times 1{,}15$$

On suppose que le diamètre de la conduite devrait être choisi de telle sorte que les pertes de charges linéaire et singulière ne dépassent pas 15 %.

Il y a alors $R_{int,}$ le rayon interne de la partie conique du digesteur, H_{int} la hauteur interne de la partie cylindrique du digesteur, e_a l'épaisseur de l'acier et e_p l'épaisseur du polystyrène.

Cette pompe sera utilisée deux jours sur trois pour pomper un volume quotidien de substrat maximal égal à $197{,}77\ m^3$. Tous les trois jours, ce volume sera mélangé au digestat en provenance du digesteur d'un volume égal à son double, soit un volume à pomper de $593{,}31\ m^3$. Sous ces conditions, on estime le temps de fonctionnement maximal de la pompe à $2\,186{,}35$ heures. Ainsi, l'énergie annuelle maximale nécessaire pour le fonctionnement de la pompe sera la suivante :

$$E_{annuelle\ maximale\ pompe} = 8\,395{,}584\ kWh_e$$

Remarque : Une pompe sera également nécessaire pour extraire le digestat et l'envoyer dans la fosse de stockage. Si on suppose que chaque digesteur aura une pompe d'alimentation et pour l'extraction de digestat, une pompe pour deux digesteurs, cela fait un total de neuf pompes de 3,84 kWà utiliser dans l'installation.

2.8. Détermination de l'énergie utilisée par le digesteur

2.8.1. Cas des pertes par conduction pour le digesteur

Le tableau 27 présente les paramètres de l'acier inox et du polystyrène.

Tableau 27 : Paramètres de l'acier inox et du polystyrène

Épaisseur acier inox	Épaisseur du polystyrène	Conductivité thermique de l'acier inox	Conductivité thermique du polystyrène
0,008 m	0,2 m	15 $W/m.K$	0,03 $W/m.K$

Connaissant les paramètres ci-dessus, on trouve :

$$R_{thermique\ totale} = 3{,}21 \times 10^{-3}\ m^2K/W$$

Connaissant la différence de température entre l'extérieur et l'intérieur du digesteur, le flux de pertes thermiques est le suivant :

$$Flux_{pertes} = \frac{T_{digestion} - T_{extérieure}}{R_{thermique\ totale}} = \frac{55 - 23{,}8}{3{,}21 \times 10^{-3}}$$

$$= 9\ 703{,}65\ W$$

L'énergie quotidienne perdue est donc :

$$Energie_{perdue}/digesteur = 232{,}88\ \ kWh_{th}/jour$$

2.8.2. Cas du chauffage du substrat dans le digesteur

Connaissant le volume quotidien de substrat (1 186,66mm^3), sa densité (900 kg/m^3) et sa chaleur massique spécifique (la chaleur massique spécifique du substrat sera celle des aliments avant congélation, c'est-à-dire 3 350$J/kg.K$), on trouve :

$$E_{Chauffage\ substrat} = V_{qs} \times \rho_s \times (T_{digesteur} - T_{extérieure}) \times \frac{C_m}{3600}$$

$$= 854\,400/900 \times 900 \times (55 - 23{,}8) \times \frac{3\,350}{3600}$$

$$E_{Chauffage\ substrat} = 24\,806{,}08\ kWh_{th}/jour$$

N.B. Étant donné qu'une partie de l'énergie sera perdue par le digesteur, le substrat doit être chauffé à plus de 55 °C pour que la température interne du digesteur ne chute pas à moins de 55 °C. Ainsi, l'énergie de chauffage du substrat doit être majorée de l'énergie perdue par le digesteur. On aura une énergie de chauffage du substrat total de :

$$E_{Chauffage\ substrat\ total} = 25\,038{,}96\ kWh_{th}/jour$$

Déterminons donc la température de chauffage du substrat avant introduction dans le digesteur :

On sait que :

$$E_{Chauffage\ substrat} = m_{substrat} \times (T_{Chauffage} - T_{extérieure}) \times \frac{C_m}{3600}$$

Donc :

$$T_{Chauffage} = \frac{3\,600 \times E_{Chauffage\ substrat\ total}}{m_{substrat} \times 3\,350} + 23{,}8$$

$$= \frac{3\,600 \times 25\,038{,}96 \times 1000}{854\,400 \times 3\,350} + 23{,}8$$

$$= 55{,}3\ °C$$

Ainsi, le substrat pourra être quotidiennement chauffé jusqu'à 55,5 °C avant son introduction dans le digesteur.

2.9. Dimensionnement de l'unité de traitement de biogaz

L'unité de séchage et de compression du biogaz doit être capable de traiter le biogaz produit par la quantité maximale de déchets organiques quotidiens à traiter, soit 1068 tonnes. Ainsi, l'unité doit pouvoir traiter le biogaz d'un débit de $1068 \times 160/24 = 7\,120\ Nm^3/h$.

2.9.1. Détermination de la quantité d'énergie produite

La disponibilité moyenne des machines sera égale à la disponibilité moyenne du biogaz égale à 94 % (d'après le cadre méthodologique).

Pour le choix du moteur, nous prendrons le groupe électrogène biogaz de marque 'Caterpillar 3520C Sita HR' qui est conçu pour fonctionner avec des biogaz corrosifs, de qualité variable et qui tolère de nombreux démarrages et arrêts du moteur. Pour ce moteur, le débit du biogaz est de 815 Nm^3/h pour un gaz dont le PCI est 22 000kJ/Nm^3, or le PCI de notre biogaz est de :

$$9{,}94 \times 55/100 = 5{,}467\,\text{kWh/Nm}^3 = 19\,681{,}2\,\text{kJ/Nm}^3.$$

Étant donné que le débit de notre gaz pour chacun de nos moteurs est de $136\,704/(24 \times 6) = 949{,}33\ \text{Nm}^3/\text{h}$, l'énergie que ce groupe électrogène pourra produire avec notre biogaz en une heure sera de $949{,}33 \times 19\,681{,}2 = 18\,684\,019{,}2$ kJ ; tandis que pour un biogaz avec un débit de 815 Nm^3/h dont le PCI est de 22 000 kJ/Nm^3, ce même groupe électrogène produira en une heure, une énergie de $815 \times 22\,000 = 17\,930\,000$ kJ. Avec ces données, notre biogaz (55 % de CH_4) est bien adapté pour ce groupe électrogène.

Les rendements électriques et thermiques de ce groupe électrogène à biogaz sont respectivement $\eta_{électrique} = 40\%$ et $\eta_{thermique} = 42{,}3\%$, ce qui donne un rendement global de 83,5 %.

Ainsi,

$$E_{\text{quotidienne}}\ \text{thermique} = \text{Dispo}_{\text{gaz}} \times \text{Dispo}_{\text{moteur}} \times \eta_{\text{thermique}} \times P_{\text{quotidienne}}$$

$$= 94/100 \times 94/100 \times 40/100 \times 747\,360{,}76$$

$$E_{quotidienne\ thermique} = 279\,335{,}65\ kWh_{th}/jour$$

$$E_{\text{quotidienne}}\ \text{électrique} = \text{Dispo}_{\text{gaz}} \times \text{Dispo}_{\text{moteur}} \times \eta_{\text{électrique}} \times P_{\text{quotidienne ep}}$$

$$= 94/100 \times 94/100 \times 42{,}3/100 \times 747\,360{,}76$$

$$E_{quotidienne\ électrique} = 264\,147{,}18\ kWh_e/jour$$

2.9.2. Puissance électrique quotidienne fournie

$P_{\text{quotidienne électrique fournie}} = 264\,147{,}18\ /24 = 11\,006{,}13$ kW. Ainsi, nous commencerons le projet avec six groupes électrogènes biogaz (moteurs de cogénération) de puissance électrique 1 993 kW avec un rendement électrique de 40 % et un rendement thermique de 42,3 %, soit un rendement global de 82.3 %.

$$P_{\text{quotidienne électrique fournie}} = 11\,006{,}13\ \text{kW}_e$$

La puissance ci-dessus est celle qui peut être fournie par la quantité actuelle des déchets produits, c'est-à-dire une production moyenne des déchets de 1 200 tonnes par jour. Étant donné que chaque année la quantité de déchets augmente de 30 tonnes, on aura une puissance additionnelle à cette puissance chaque année, qui sera de :

$$P_{quotidienne\ électrique\ additionnelle\ fournie} = 275{,}15\ kW_e$$

Au bout de 10 ans de projet, la puissance quotidienne fournie sera

$$P_{quotidienne\ électrique\ fournie\ après\ 10\ ans} = 13\,757\ kW_e$$

En utilisant le groupe électrogène biogaz de marque 'Caterpillar 3520C Sita HR', de puissance 1 993 kW_e, notre projet débutera avec six moteurs et comme chaque année, la puissance électrique fournie par l'installation augmente de 275,15 kW_e, après quatre années de fonctionnement, ces six moteurs ne pourront plus supporter la puissance délivrée par l'installation. Un septième moteur sera donc nécessaire à partir de la quatrième année.

L'électricité produite par le projet n'étant pas vendue en totalité, nous allons supposer que 2,5 % de cette électricité seront consommés sur place (une partie servira pour l'alimentation du broyeur et des pompes et le reste pour les équipements électriques du site), car la consommation sur place n'est pas importante et le reste est vendu. Pour ce qui est de l'énergie thermique, une partie servira à chauffer le substrat avant l'introduction dans les digesteurs et l'autre partie servira à sécher le digestat et le reste sera perdu. On peut récapituler tout cela dans le tableau 28.

Tableau 28 : Tableau récapitulatif des quantités initiales d'énergie produite, vendue et consommée sur place

	Quantité initiale produite par an	**Quantité vendue par an**	**Quantité consommée sur place par an**	**Énergie électrique additionnelle chaque année**
Énergie électrique en kWh_e	96 413 720,7	94 003 377,7	2 410 343,01	2 410 339,55
Énergie thermique en kWh_{th}	101 957 512,25	0	30 587 253,675	2 548 937,945

En définitive, la plateforme de production de biogaz et d'électricité sera constituée de :

- six digesteurs en acier inox recouverts de polystyrène, comportant une partie supérieure cylindrique et une partie inférieure conique, de volume unitaire 4 945 m^3,
- trois fosses de stockage en béton de forme parallélépipédique de volume unitaire 12 000 m^3,
- une préfosse de forme parallélépipédique de volume 5 100 m^3,
- deux gazomètres en forme sphérique constitués de deux doubles membranes souples, de volume unitaire 11392 m^3 (de rayon $14\ m$),
- six moteurs G 3520 C'Caterpillar' de puissance électrique unitaire 1 993 kW_e en initial et un septième à partir de la quatrième année du projet,
- neuf pompes à piston de puissance unitaire 3,84 $\mathrm{kW_e}$ dont six pour les digesteurs et trois pour les fosses de stockage,
- un broyeur d'une puissance maximale estimée à 175 kW_e en supposant qu'il fonctionnera 12 heures par jour.
- une unité de séchage et de compression du biogaz capable de traiter un biogaz d'un débit de $7\ 120\ \mathrm{Nm^3/h}$.

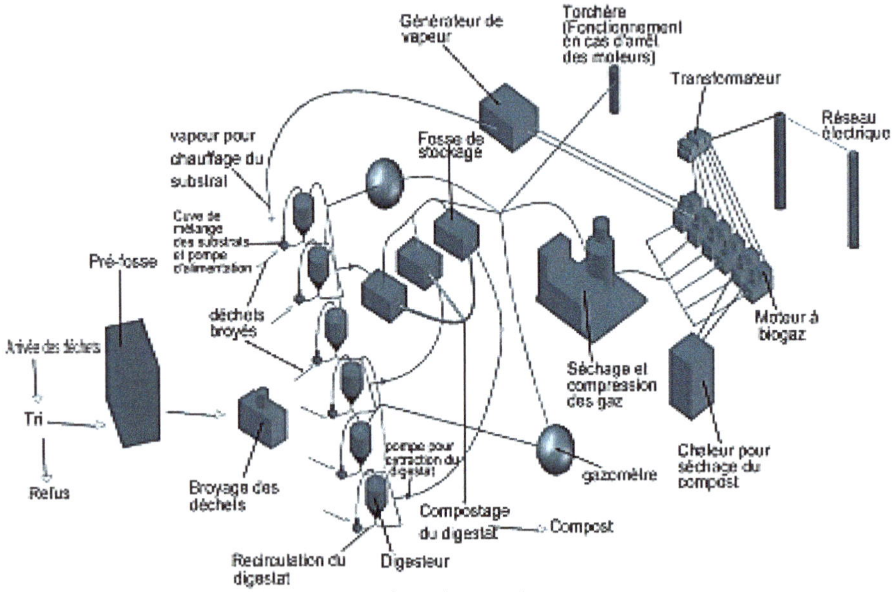

2.9.3. Analyse environnementale et économique

Figure 15 : Schéma synoptique du projet

2.9.3.1. Analyse environnementale

Les seuls GES générés par le projet sont ceux émis lors du transport des substrats vers l'unité de traitement, le reste – principalement le biogaz – étant récupéré pour être valorisé.

L'évaluation des émissions évitées a été faite par le logiciel 'Diges' après introduction de certains paramètres, notamment le type de déchets traités, les distances moyennes parcourues pour acheminer le substrat sur le site de digestion anaérobique ou sur le site actuel de traitement des déchets urbains (cette distance a été estimée à 8 km), la quantité moyenne de déchets traités par an, la composition des déchets, les caractéristiques de l'installation, la substitution de l'énergie thermique et électrique par les sources fossiles.

Les résultats obtenus sont nombreux. En effet, pour la première année du projet, 85 859,1 tonnes éq. CO_2 seront évitées. À partir de la deuxième année, une quantité additionnelle de 1 450 tonnes éq. CO_2 sera évitée, et ce, pendant 10 ans. Cela donne pour toute la durée du projet qui est de 20 ans une quantité totale de 1 927 432 tonnes éq. CO_2 évitées.

Pour la première année du projet, la vente du crédit carbone rapporte une somme conséquente.

Coût de crédit carbone pour la 1re année du projet = 449 901 684 FCFA

2.9.3.2. Analyse économique

L'analyse économique de notre projet est fonction de plusieurs paramètres.

A- Coût d'investissement

$$\text{Coût d'investissement} = 2\,460 \times 655 \times \text{puissance de l'installation en kWe}$$
$$+\text{coût d'opération et maintenance de la 1re année du projet}$$
$$= 2\,460 \times 655 \times 13\,757{,}66 + 655 \times 0{,}025 \times 96\,413\,720{,}7$$
$$= 23\,746\,492\,234{,}46$$

$$\text{Coût d'investissement} = 23\,746\,492\,234{,}46 \text{ FCFA}$$

B- Coût d'opération et de maintenance

$$\text{Coût d'opération et de maintenance/an}$$
$$= 655 \times 0{,}025 \times \text{nombre de } kWh_e \text{ par an}$$
$$= 655 \times 0{,}025 \times 96\,413\,720{,}7 = 1\,578\,774\,676{,}46 \text{ FCFA}$$

$$\text{Coût d'opération et de maintenance/an} = 1\,578\,774\,676{,}46 \text{ FCFA}$$

C-Recettes

Elles sont au nombre de trois : la vente de l'électricité, la vente du compost et la vente de crédits carbone.

a) Prix de vente de l'électricité pendant la première année du projet

$$\text{Prix de vente de l'électricité 1 ère année projet}$$
$$= \text{prix de vente du } kWh_e \times \text{nombre de } kWh_e \text{ vendus par an} = 50 \times 96\,172\,686{,}4 = 4\,808\,634\,320$$

$$\text{Prix de vente de l'électricité 1 ère année du projet} = 4\,808\,634\,320 \text{ FCFA}$$

b) Prix de vente du compost pendant la première année du projet

$$\text{Prix de vente du compost 1ère année projet}$$
$$= 10 \times 854\,400 \times 365 \times 35/100$$
$$= 1\,091\,496\,000$$

Prix de vente du compost 1ère année projet = 1 091 496 000 Fcfa

c) Prix de vente du crédit carbone pendant la première année du projet

$$\text{Prix de vente du crédit carbone 1ère année du projet}$$
$$= 8 \times 655 \times \text{quantité } CO_2 \text{ évitée pour la 1ère année(tonnes éq. } CO_2)$$
$$= 8 \times 655 \times 85\,859{,}1 = 449\,901\,684$$

$$\text{Prix de vente du crédit carbone 1ère année du projet}$$
$$= 8 \times 655 \times \text{quantité } CO_2 \text{ évitée pour la 1ère année(tonnes éq. } CO_2)$$
$$= 8 \times 655 \times 85\,859{,}1 = 449\,901\,684$$

Coût de crédit carbone pour la 1ère année du projet = 449 901 684 FCFA

Remarque : L'analyse économique ci-dessus est valable dans le cas où c'est l'entreprise HYSACAM qui réalise le projet. En effet, les déchets étant déjà disponibles sur leur site, leur coût n'a pas été pris en compte dans le coût du projet. Pour ce qui est de l'analyse économique dans le cas où c'est un particulier qui réalise le projet, le coût de la collecte et du transport des déchets sera pris en compte, soit 13 089 FCFA la tonne (Ntoumba, 2009) ; cela aura une incidence sur le coût d'opération et de maintenance et par là une incidence sur le coût d'investissement pour ce cas de figure.

Le taux d'actualisation considéré pour le projet est de 10 % et pour la VAN de 24 664 358 558 FCFA dans le cas où c'est la société HYSACAM qui réalise le projet et de 2 784 732 786 FCFA dans le cas où c'est un particulier qui décide de réaliser le projet.

2.10. Détermination du temps de retour sur investissement

a) Cas où la société HYSACAM réalise le projet

Après six ans, la VAN est de - 472 441 024 FCFA et après sept ans, on a une VAN qui est de 2 402 683 415 FCFA.

Par interpolation linéaire, on trouve le temps de retour sur investissement égal à six ans un mois 29 jours.

b) Cas où c'est un particulier qui réalise le projet

Après 15 ans, la VAN est de – 348 645 161 FCFA et après 16 ans, on a une VAN qui est de 402 788 666 FCFA.

Par interpolation linéaire, on trouve le temps de retour sur investissement égal à 15 ans cinq mois 17 jours.

2.11. Détermination du taux de rentabilité interne

a) Cas où HYSACAM réalise le projet

Pour un taux d'actualisation de 22 %, on obtient une VAN qui est de 1 007 310 729 FCFA et pour un taux d'actualisation de 23 %, on obtient une VAN de – 30 480 331 FCFA.

Par interpolation linéaire, on trouve un Taux de rentabilité interne (TRI) de 22,97 %.

Cela signifie que le projet pour ce cas est rentable à un taux d'actualisation supérieur à 10 % et inférieur à 22,97 %.

b) Cas où c'est un particulier qui réalise le projet

Pour un taux d'actualisation de 11 %, on obtient une VAN qui est de 949 874 524 FCFA et pour un taux d'actualisation de 12 %, on obtient une VAN de – 695 538 229 FCFA.

Par interpolation linéaire, on trouve un TRI de 11,57 %.

Cela signifie que le projet pour ce cas est rentable à un taux d'actualisation supérieur à 10 % et inférieur à 11,57 %.

3. Discussion

3.1. Comparaison des résultats avec la littérature

Plusieurs résultats ont été obtenus dans ce travail. Parmi ceux comparables à la littérature, on peut citer les résultats obtenus à l'IRAD de Yaoundé. Ces résultats concernent le taux de matière sèche (30,3 %), le taux de matière organique (22,7 %), le rapport C/N (24,33) dans les déchets urbains biodégradables de la ville de Yaoundé. Toutes les valeurs obtenues sont très proches des valeurs obtenues dans la littérature. En effet, le taux moyen des matières sèches dans les déchets de ménage se situe entre 25 et 45 % (Moletta, 2003). Le taux de matière organique moyen dans les déchets ménagers se situe autour de 30,2 % (Boiteau et Dabert, 2009). Le rapport C/N idéal pour une bonne digestion anaérobique est de 25 (Ohannessian, 2008).

Les conditions de digestion anaérobiques étant favorables, les risques d'inhibition du digesteur sont réduits. Ainsi, la production du biogaz se déroulera normalement ; ce qui justifie par-là la productivité moyenne en biogaz des déchets urbains de Yaoundé de 160 Nm^3 considérée à partir de la littérature. Cette valeur est l'une des valeurs de base de notre dimensionnement, car c'est à base de cette valeur que l'énergie primaire sera calculée. En clair, les résultats de l'analyse de l'IRAD nous réconfortent dans le choix de la productivité en biogaz des déchets urbains de Yaoundé.

Un autre résultat important de ce travail est le taux de charge organique qui a une valeur maximale de $2{,}47\ \text{kgMO}/\text{m}^3.\text{jour}$. Ce taux est conforme à la valeur observée dans la littérature. En effet, le taux de charge organique doit être compris entre 2 et $12\ \text{kg MO}/m^3.\text{jour}$ (Buffiere, P., Carrere M., Lemaire O., Vasquez J., 2007).

3.2. Analyse commentée des résultats en lien avec le développement durable

Ce projet permet de générer des profits. En effet, que ce soit HYSACAM ou un particulier qui décide de le réaliser, il est rentable financièrement. Il importe quand même de relever que la rentabilité est moindre lorsque c'est un particulier qui le réalise, car le TRI pour le cas d'un particulier, on est à 11,57 % tandis que pour le cas d'HYSACAM, il est à 22,97 %. Ce projet protège également l'environnement. En effet, la quantité de GES qu'il permet d'éviter est plus importante par rapport à la situation actuelle. La quantité de réduction actuelle de GES est de $200\ \text{tonnes eq.}\, CO_2/\text{jour}$ (Djietcheu, 2016), ce qui donne un total de réduction de GES de $1\,460\,000\ \text{tonnes eq.}\, CO_2$ au bout de 20 ans tandis que le présent projet permet de réduire au bout de 20 ans $1\,927\,432\ \text{tonneseq.}\, CO_2$. Ce projet permettra donc de réduire plus de GES par rapport à la situation actuelle et ainsi contribue mieux à lutter contre le réchauffement de la planète. Pour finir, ce projet permet de fournir l'électricité à la couche de la population de Yaoundé la plus défavorisée.

Ainsi, ce projet peut être inscrit dans le cadre du développement durable, car les trois piliers du développement durable à savoir l'économie, l'environnement et le social sont tous réunis.

3.3. Discussion approfondie des résultats

L'analyse de la faisabilité de l'implantation d'un projet de méthanisation repose en grande partie sur l'ingénierie préliminaire du projet. Le cas étudié ici est une installation traitant les déchets organiques putrescibles provenant de la collecte de l'entreprise HYSACAM par méthanisation pour des fins de valorisation énergétique (électrique et thermique) de la biomasse.

L'analyse du flux de trésorerie montre que le projet de méthanisation semble intéressant d'un point de vue économique parce qu'il permet de produire ses propres revenus qui seraient suffisants pour amortir les coûts d'installation.

Cette section présente les aspects financiers concernant le système de méthanisation et apporte une réponse quant à la question de la faisabilité économique du projet. Le critère de faisabilité économique appliqué stipule que les coûts de vente de l'électricité, du compost et de la tonne de crédits carbone doivent être égaux au minimum aux coûts initiaux pendant toute la durée du projet qui est de 20 ans.

Le bilan de faisabilité du projet est basé sur les coûts annuels de dépenses d'opération et de maintenance du système de méthanisation, des revenus de la vente de l'électricité, du compost et du crédit carbone. L'hypothèse du prix de l'électricité vendue à ENEO est déduite du coût actuel de vente du kWh_ed'ENEO à la tranche de la population la plus défavorisée. Il est donc présumé qu'ENEO serait prêt à payer le kWh_e à 50 FCFA, qui toutefois, devrait faire l'objet de négociation. Il faut également relever que le prix de vente du kWh_e de 50 FCFA proposé dans ce travail est le plus bas prix de commercialisation de l'énergie électrique qui existe au Cameroun.

Conclusion

La technologie de biométhanisation qui a été proposée dans ce travail permet de réduire les impacts environnementaux globaux de la gestion des matières résiduelles (collecte municipale) à traiter et le déficit en énergie électrique dans la ville de Yaoundé.

Les résultats de cette étude ont permis de comprendre que les déchets urbains de la ville étaient adaptés à un traitement de méthanisation par voie sèche. Les données fournies par HYSACAM ont permis de dimensionner toutes les composantes du projet à savoir : préfosse, digesteur, fosse de stockage, pompe, gazomètre, unité de séchage et de compression du biogaz. Le moteur à utiliser est un moteur de cogénération de puissance électrique de 1993 kWh_e avec une puissance globale de 82,3 %.

L'analyse économique nous a permis de constater que pour un investissement de l'entreprise HYSACAM d'un montant estimé à 23 746 492 235 FCFA, le projet est rentable à un taux d'actualisation supérieur à 10 % et inférieur à 22,97 %, ceci en vendant la tonne de compost à 10 000 FCFA, la tonne eq. CO_2 à huit euros (5 240 FCFA) et le kWh_e à 50 FCFA à ENEO, la société en charge de la commercialisation de l'électricité au Cameroun. Il est à noter que ce prix de vente correspond au prix de commercialisation d'ENEO du kWh_e à la tranche de la population la plus défavorisée. Dans le cas où c'est un particulier qui décide de réaliser ce projet, le projet est rentable à un taux d'actualisation supérieur à 10 % et inférieur à 11,57 %, en vendant la tonne de compost à 17 000 FCFA, la tonne eq. CO_2 à huit euros et le kWh_e à 70 FCFA à ENEO. Ce coût de 70 FCFA reste tout de même inférieur à la deuxième tranche du prix de commercialisation du kWh_e à ENEO, qui est de 79 FCFA.

Le projet peut être inscrit dans le cadre du développement durable, car les trois piliers du développement durable à savoir l'économie, l'environnement et le social sont tous réunis. Le projet permet également de réduire le déficit énergétique de la ville de Yaoundé. En effet, près de 71 214 familles qui consomment moins de 110 $kWh_e/mois$ pourront être alimentées en énergie électrique provenant de ce projet.

Le biogaz est l'une des énergies renouvelables les plus attrayantes. Le traitement des déchets est fait dans l'optique de les récupérer et de les valoriser. Le biogaz atténue le problème croissant d'élimination des déchets. Le coût de l'énergie produite à partir de cette énergie primaire qui peut être utilisée localement ou injectée dans le réseau électrique est compétitif et sans subvention. Dans notre analyse économique, on fait l'hypothèse que le surplus de l'énergie thermique ne sera pas vendu, car il n'y a aucun utilisateur potentiel à proximité. Toutefois, il s'avère pertinent de trouver une façon de la valoriser en favorisant l'implantation à proximité d'une industrie nécessitant une source de chaleur, ce qui permettra d'augmenter la rentabilité du projet.

Aucune œuvre humaine n'étant parfaite, le présent travail enregistre quelques limites méthodologiques. Nous pouvons souligner le fait que l'analyse économique s'est faite sans tenir compte des divers impôts, taxes et frais d'études du projet. Une autre limite de ce projet est le fait que la productivité de biogaz, qui est de 160 Nm^3par tonne de déchets introduits dans le digesteur est une valeur issue de la littérature, mais qui reste tout de même très proche des productivités observées dans certaines usines. La quantité d'énergie précise pour le broyage des déchets n'a pas été évaluée, elle a été juste estimée et incluse dans la quantité d'énergie électrique à utiliser sur place. On peut également signaler le fait qu'au Cameroun, il n'existe pas un système de soutien à la production d'électricité à partir de la biomasse. Les tarifs d'achat sont fixés selon une démarche de discussion de gré à gré entre le régulateur du secteur électrique (ARSEL) et le porteur du projet.

- Perspectives et suggestions

Compte tenu de l'importance de l'énergie en général et de l'énergie électrique en particulier dans le développement socioéconomique, la valorisation électrique du biogaz paraît une alternative à promouvoir. De ce fait, les suggestions suivantes peuvent être formulées.

- Le premier problème de l'utilisation de méthanisation pour traiter les déchets est le tri. Un tri à la source serait donc d'un grand apport à la technologie.
- Une fixation des conditions/tarifs de rachat pour les énergies renouvelables pour viabiliser les projets est à envisager.
- Il a été rappelé à l'assemblée sceptique sur le processus de méthanisation que c'est une technologie qui a déjà fait ses preuves dans le monde et les recherches sont en train d'être faites, question d'améliorer davantage.

Références bibliographiques

Amarante João, Lima A., (2010), *Biométhanisation des déchets putrescibles municipaux – Technologies disponibles et enjeux pour le Québec*, Mémoire de Maîtrise en Environnement, Université de Sherbrooke, Québec, Canada), 99 p.

ARSEL, (2015), *Énergies renouvelables et électrification rurale au Cameroun : Guide de promotion des investissements*, International Brain Consulting. 60 p.

Boiteau T. et Dabert P., (2009), *Digestion anaérobie et gaz à effet de serre, Application pour le calcul du bilan des émissions de gaz à effet de serre des installations de digestion anaérobie*, version 2.0. Cemagref, ADEME, 57 p.

Buffiere P., Carrere M., Lemaire O., Vasquez J., (2007), *Guide méthodologique pour l'exploitation d'unité de méthanisation de déchets solides*, Centre de recherche sur la propriété et l'énergie, 40 p.

De Beare L., (2008), *True all-rouder in anaerobic digestion of solid and semi-solid organics*, Organic Waste Systems, [Présentation PowerPoint], 52 p.

Djietcheu B., (2016), *Expérience des projets MDP et production indépendante d'électricité*, HYSACAM, [Présentation Powerpoint], 22 p.

Dupont N., (2010), *Valorisation du biogaz de fermentation : combustion catalytique*, Thèse de Doctorat, Université Claude Bernard, Lyon I, France, 251 p.

Énergie Plus, (2010), *De nouvelles forces pour le biogaz*, Association technique énergie environnement, 72 p.

Heraud B., (2015), *Empreinte Terre*, Novethic (Le média Expert de l'Économie responsable), tiré de http://www.novethic.fr/empreinte-terre/climat/isr-rse/8-le-prix-de-la-tonne-de-carbone-sur-le-marche-europeen-143694.html, 37 p.

Moletta R., (2003), *La digestion anaérobique des déchets municipaux*, 16 p.

Ntoumba G., (2009), *Présentation du service de Gestion des déchets ménagers dans la ville de Yaoundé*, Centre international de formation des Autorités/Acteurs locaux (Cifal), 36 p.

Ohannessian A., (2008), *Composés organiques volatils du silicium : un frein à la valorisation énergétique des biogaz*, Thèse de Doctorat en Sciences de l'Environnement industriel et urbain,

Institut national des Sciences appliquées de Lyon, France. N° d'ordre : 2008 -ISAL-0106, 305 p.

Record, (2009), *Techniques de production d'électricité à partir de biogaz et de gaz de synthèse*, N° 07-0226/1A, 254 p.

Record, (2010), *Valorisation énergétique des déchets de biomasse d'origine végétale*, N° 08-0231/1A, 125 p.

Solagro, 2007. Biogaz issu de la mise en décharge : comment optimiser son captage ? ADEME Éditions, 149 p.

Sotamenou J., (2012), *La gestion des déchets solides à Yaoundé*, Éditions universitaires européennes, 317 p.

Chapitre V

Étude de faisabilité de la mise en place d'un système de pompage solaire pour irriguer un champ : cas du village Missolè II dans le Littoral Cameroun

Hermann DJEUDJO TEMENE

Chercheur associé au LaME, ENSTP/Yaoundé, Cameroun

1. Contexte et justification

L'agriculture est de loin le secteur le plus grand utilisateur d'eau, du sol et de la biodiversité du monde. Aujourd'hui, elle se trouve au centre de toute discussion, notamment sur le plan de la conservation de l'environnement mondial. Elle compte pour 70 % dans la consommation de l'eau du globe, un pourcentage qui atteint près de 85 % en considérant seulement les pays en voie de développement (Garces-Restrepo et *al.*, 2007). Approximativement 1 260 millions ha de terres agricoles qui sont desservies par l'eau de pluie ou encore l'agriculture pluviale (correspondant à 80 % de toute la terre cultivée du monde) contribuent à hauteur de 60 % dans l'approvisionnement alimentaire du monde ; tandis que 277 millions ha sous l'irrigation (les 20 % restants de terre sous culture) contribuent pour les 40 % restants dans l'approvisionnement alimentaire. En moyenne, les rendements de récolte par hectare de l'agriculture irriguée sont 2,3 fois plus grands que ceux desservis par l'eau de pluie (Garces-Restrepo et *al.*, 2007). De ce fait, on note l'importance de l'agriculture irriguée pour un pays comme le Cameroun où l'agriculture occupe une place de choix dans l'économie nationale, contribuant à 21,7 % du PIB et impliquant 60 % de la population active (Sacerdoti et *al.*, 2014). Elle joue un rôle déterminant dans la lutte contre la pauvreté et l'insécurité alimentaire, grâce aux 2 000 000 ménages agricoles dans le pays qui approvisionnent en produits alimentaires leurs voisinages et les marchés urbains. Il est estimé qu'environ 80 % des besoins alimentaires de la population du pays sont satisfaits par la production nationale (Sacerdoti et *al.*, 2014). L'agriculture irriguée étant pratiquée en zones arides ou semi-arides, il est impératif de définir un système d'irrigation capable de satisfaire les besoins en eau de façon continue. Dans ces zones, les agriculteurs ont généralement recours aux systèmes d'irrigation par pompage d'eau souterraine, fonctionnant au diesel ou pour les plus modernes au solaire. Il est question de voir parmi ces systèmes celui qui est socialement, économiquement et écologiquement adapté à ces zones. Le système de pompage solaire s'est d'ailleurs très vite répandu au cours des dernières décennies, ceci grâce à l'abondance du soleil dans ces zones. Dans la partie ouest du Cameroun précisément dans la région du littoral, les effets du changement climatique se font déjà ressentir, notamment par le bouleversement des saisons et des pluies qui tombent à contretemps. Le Littoral Cameroun, région occupant une place de choix dans la production alimentaire du pays, a un climat équatorial de type humide mousson et les précipitations moyennes annuelles sont de 2000 mm (Système d'information énergétique, 2011). Avec la saison sèche qui s'étale pratiquement sur quatre mois (Système d'information énergétique, 2010), il est très difficile pour les agriculteurs de cette zone d'assurer un approvisionnement en eau continue pour leurs activités sans recourir à l'irrigation, surtout en saison sèche. En général, cette irrigation est faite de manière traditionnelle nécessitant beaucoup d'efforts humains, notamment dans l'acheminement de l'eau dans le domaine agricole et même dans l'arrosage des plantes et autres. Ceci réduit considérablement la superficie des terres cultivées par les agriculteurs. La solution palliative à cette situation serait de mettre en place un système d'irrigation moderne afin d'accroître la superficie des terres cultivées et la production alimentaire du pays et ainsi assurer une sécurité alimentaire. Avant de mettre en place un tel système, il faudrait voir entre le diesel et le solaire celui qui est le plus rentable. Il faut en plus de cela tenir compte de l'aspect environnemental, c'est-à-dire voir le système qui pose moins de problèmes à l'environnement, notamment sur le plan des émissions des GES. De plus, un critère pour le choix du système est le type d'irrigation que nous voulons faire. Bien évidemment, cela va dépendre du type de culture pratiquée dans la zone d'étude. C'est dans ce contexte que nous nous proposons de faire une « étude de faisabilité de la mise en place d'un système de pompage solaire pour irriguer un champ : cas du village Missolè II dans le Littoral Cameroun ». Le Cameroun dit vouloir pratiquer l'agriculture de seconde génération pour non seulement booster l'économie nationale, mais aussi lutter contre la famine. À cet effet, le pompage solaire pourrait bien résoudre le problème de manque d'eau dans un village comme Missolè II où l'agriculture fait partie des activités phares. Cependant, ce système d'approvisionnement en eau n'est pas pris en compte dans les politiques de développement de l'agriculture de seconde génération ; certainement parce qu'il y a un manque d'information sur les avantages qu'un tel système pourrait avoir.

Dans le présent article, nous nous sommes proposé de faire une étude de faisabilité afin de proposer un système d'irrigation approprié à la zone d'étude et au type de culture pratiquée. À cet effet, nous avons déterminé les besoins en eau du domaine agricole, dimensionné le système d'irrigation approprié à ce domaine agricole, fait une évaluation économique et environnementale.

2. Cadrage théorique

Une étude dont les objectifs étaient de faire l'état des études déjà menées sur les systèmes de pompage à source d'énergie renouvelable et de comparer ces différents systèmes a été menée par un groupe de chercheurs et ils ont trouvé que plus de 100 articles ont déjà été publiés et que le système de pompage à énergie solaire photovoltaïque était le plus répandu beaucoup plus pour l'irrigation et l'adduction en eau potable (Gopal et *al.*, 2013). Pour avoir un système avec un bon rendement, il faut prendre en compte les quatre principaux composants d'un système de pompage photovoltaïque : les panneaux solaires qui produisent de l'énergie électrique, le contrôleur de charge qui assure la sécurité du système, la pompe électrique, le réservoir de stockage d'eau et/ou les batteries (Bengtsson & Nilsson, 2015 ; Louazene et *al.*, 2013). Pour le cas du pompage d'eau pour l'irrigation, la quantité d'eau dépend du type de culture, du climat local, du type de sol et de la technique d'irrigation (Djafour & Aida, 2009). Également, la configuration du système de pompage sans stockage d'énergie (pompage au fil de soleil) avec stockage de l'eau est la meilleure manière de diminuer le prix du système et d'utiliser les quantités d'eau pompées rationnellement (Djafour & Aida, 2009). Dans le cadre d'un système de pompage photovoltaïque pour une irrigation goutte à goutte, il est nécessaire de disposer d'informations météorologiques précises historiques et actuelles, des paramètres géographiques du site ainsi que de son ensoleillement, tant pour le calcul des besoins en eau du champ à irriguer que pour le calcul et le dimensionnement des panneaux (Mahjoubi et *al.*, 2010).

3. Méthodologie

3.1. Évaluation des besoins en eau du champ

Selon Vabre et *al.* (2012), pour déterminer l'évapotranspiration réelle d'une culture, on utilise la formule suivante :

$$ET_{c\,corr} = ET_o \times K_c \quad (1)$$

Ici, Kc est le coefficient cultural de la plante et ETo l'évapotranspiration (combinaison des phénomènes d'évaporation et de transpiration qui se produisent simultanément) de référence de la culture qui se calcule par la formule de Penman-Monteith (Savva & Frenken, 2002) :

$$ET_o = \frac{0.408\,\Delta\,(Rn - G') + \delta \frac{900\,u_2 (e_s - e_a)}{T' + 273}}{\Delta + \delta\,(1 + 0.34\,u_2)} \quad (2)$$

Ici, Rn est le rayonnement net à la surface de la culture, G' est la densité du flux de chaleur dans le sol, Δ est la pente de la courbe de pression de vapeur saturante à température T', δ est la constante psychométrique, u_2 est la vitesse du vent à deux mètres de hauteur e_s est la pression de la vapeur saturante, e_a est la pression de la vapeur réelle et T' est la température quotidienne moyenne de l'air à deux mètres de hauteur.

Selon Savva et Frenken (2002), pour faire l'évaluation des besoins en eau d'une culture (BEC), il est question tout simplement de déterminer l'évapotranspiration réelle de la culture.

$$BEC = ET_{c\,corr} \quad (3)$$

Par contre, Vabre et *al.* (2012) montrent que les besoins en eau d'une culture ou le déficit hydrique se définissent comme la différence entre l'évapotranspiration réelle (ETR) de la culture considérée et les précipitations efficaces (Peff) (Vabre et *al.*, 2012). Peff représente la fraction des précipitations qui est effectivement utilisée par la culture après déduction des pertes par ruissellement de surface et par percolation profonde.

$$B_{net} = ET_{c\,corr} - P_{eff} \quad (4)$$

Les besoins d'irrigation (B) représentent la quantité d'eau que doit fournir le réseau d'irrigation pour satisfaire pleinement le besoin en eau de la culture (Savva & Frenken, 2002). Si l'irrigation constitue la seule source d'apport d'eau pour la plante, le besoin d'irrigation sera égal au besoin en eau des cultures et généralement plus élevé que ce dernier si l'on tient compte des inefficacités du réseau. Les besoins d'irrigation nets (B_{net}) ne tiennent pas compte des pertes enregistrées au cours du processus d'apport d'eau. Ils s'obtiennent par la formule suivante (Savva & Frenken, 2002) :

$$B_{net} = ET_{c\,corr} - (P_{eff} + G_e + W_b) + LR_{mm} \quad (5)$$

B_{net} est le besoin d'irrigation net, P_{eff} représente les précipitations efficaces, Ge est la contribution de la nappe souterraine, Wb représente l'eau stockée dans le sol au début de chaque période et LR_{mm} est le besoin de lessivage. Les besoins d'irrigation bruts (B_{brut}) se définissent comme la somme des besoins d'irrigation nette et des pertes. Ils s'obtiennent par la formule suivante (Savva & Frenken, 2002) : B_{brut} est le besoin d'irrigation brute et E est l'efficience globale du projet.

Pour ce travail, le logiciel 'Cropwat' sera utilisé pour déterminer tous ces paramètres.

3.2. Dimensionnement et choix de la pompe

Pour dimensionner la pompe, deux méthodes sont proposées : la méthode graphique et la méthode analytique. Mais nous nous sommes attardés sur la méthode analytique dans ce travail.

Cette méthode s'appuie essentiellement sur le modèle de systèmes de pompage d'eau régi par les équations de Royer et Coll. (1998) comme le montre l'organigramme ci-dessous (Ky, 2007). La demande énergétique hydraulique quotidienne (Ehydro en kWh/j), correspond à l'énergie nécessaire pour élever à hauteur manométrique totale HMT (m) qui tient compte des pertes de charge au volume quotidien Q (en m^3/j), avec Royer et Coll. (1998) :

$$E_{hydro} = C_h \times Q \times HMT \quad (6)$$

où

$$C_h = \frac{\rho \times g}{3600}$$

C_h est la constante hydraulique [kg.s.h/m^2] et Q est le volume d'eau pompé par jour. L'énergie électrique que doit fournir la pompe est quant à elle donnée par l'équation suivante (système en courant continu) (Louazene et *al*., 2013) :

$$E_{motopompe} = \frac{E_{hydro}}{\eta_{motopompe}} \quad (7)$$

Ici, E est le rendement de la motopompe

Pour un système fonctionnant en courant alternatif, il faut tenir compte du rendement de l'onduleur et l'équation ci-dessus devient (Louazene et *al*., 2013) :

$$E_{motopompe} = \frac{E_{hydro}}{\eta_{motopompe} \times \eta_{ond}} \quad (8)$$

$$\eta_{moy} = \eta_{motopompe} \times \eta_{ond}$$

Ici, η_{moy} = rendement moyen ;

$\eta_{motopompe}$ = rendement de la motopompe ;

η_{ond} = rendement de l'onduleur.

La détermination du débit horaire ***q*** de la pompe se fait à l'aide de la formule suivante (Louazene et *al*., 2013) :

$$q = \frac{Q}{h} \quad (9)$$

Ici, Q (m^3/jour) est le débit journalier et h est le nombre d'heures d'ensoleillement journalier.

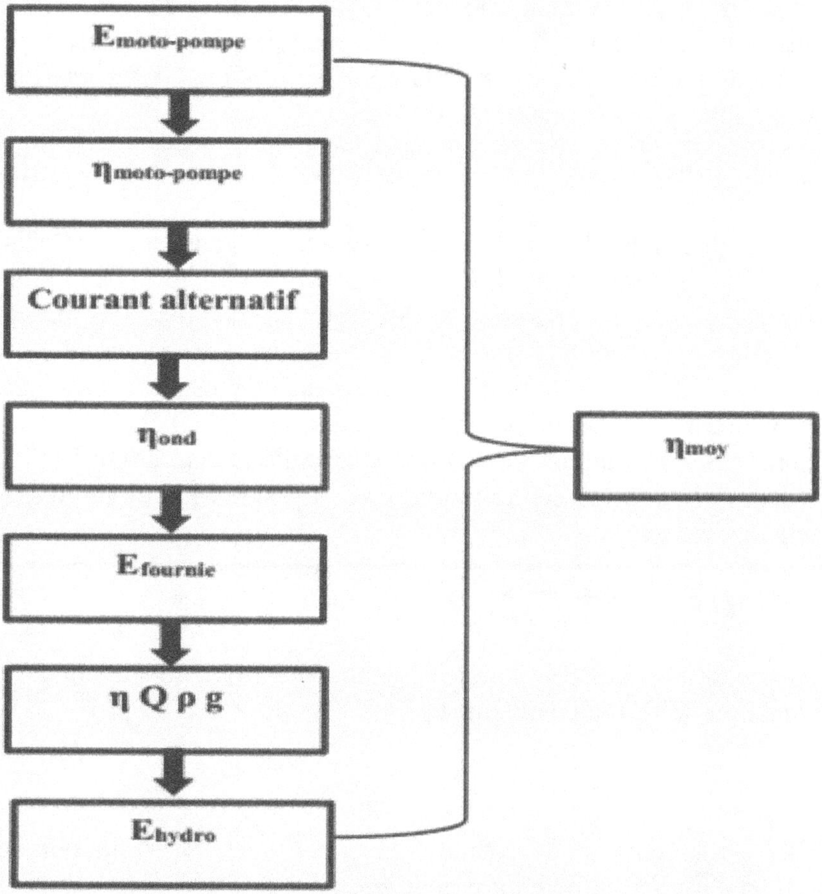

Figure 16 : Organigramme de dimensionnement analytique d'une pompe

3.3. Dimensionnement du champ photovoltaïque

Nous allons procéder par la méthode analytique pour dimensionner le champ photovoltaïque. La puissance crête du générateur photovoltaïque Pc est calculée par l'expression suivante (Louazene, 2008) :

$$P_c = \eta_g \times A \times G \quad (10)$$

À est la surface active du générateur, G est l'éclairement dans les conditions CSM et η_g est le rendement du générateur à la température de référence. L'énergie électrique journalière produite par le générateur photovoltaïque est donnée par l'expression suivante (Louazene, 2008) :

$$E_e = \eta_{pv} \times A \times G_d(\beta) \quad (11)$$

η_{pv} est le rendement moyen, G_d (β) est l'irradiation moyenne journalière incidente sur le plan des modules à l'inclinaison β, E_e correspond aussi à l'énergie de la pompe $E_{motopompe}$. L'expression de η_{pv} est donnée par (Louazene, 2008) :

$$\eta_{pv} = F_m[1 - \gamma(T - T_r)]\eta_g \quad (12)$$

F_m est le facteur de couplage (défini comme le rapport entre l'énergie électrique générée sous les conditions d'exploitation et l'énergie électrique qui se générerait si le système travaillait au point de puissance maximale), T est la température moyenne journalière des cellules durant les heures d'ensoleillement et γ est le coefficient de température des cellules (prend des valeurs entre 0,004 et 0,005/°C pour des modules au silicium mono et poly cristallin, et entre 0,001 et 0,002 pour des modules au silicium amorphe). L'expression de la puissance crête devient :

$$P_c = \frac{G}{F_m[1-\gamma(T-T_r)]\eta_g} \times \frac{E_{hydro}}{\eta_{pompe} \times \eta_{ond}} \quad (13)$$

Le nombre total de modules N_M constituant le générateur PV est calculé par la formule suivante :

$$N_M = \frac{P_c}{P_N} \quad (14)$$

P_c est la puissance crête du générateur et PN est la puissance nominale d'un module photovoltaïque.

Le dimensionnement de l'onduleur repose essentiellement sur trois critères qui imposent la façon de disposer les modules :

- la compatibilité en tension, c'est-à-dire que la tension maximale délivrée par le champ PV ne doit pas dépasser la tension maximale admissible par l'onduleur ;
- la compatibilité en courant, c'est-à-dire que le courant maximal délivré par le champ PV ne doit pas dépasser le courant maximal admissible par l'onduleur ;
- la compatibilité en puissance, c'est-à-dire que la puissance débitée par le champ PV doit correspondre à la puissance maximale CC que peut recevoir l'onduleur.

$$\text{nombre minimal de modules en séries} = E(x)\left(\frac{U_{mppt,\min}}{U_{mpp} \times 0{,}85}\right) \quad (15)$$

$$\text{nombre maximal de modules en séries} = E(x)\left(\frac{U_{mppt,\max}}{U_{mpp} \times 1{,}15}\right)$$

$E_{(x)}$ signifie la partie entière de x. Le coefficient 1.15 est un coefficient de majoration permettant de calculer la tension MPP à -20 °C. Le coefficient 0.85 est un coefficient de minoration permettant de calculer la tension MPP à 70 °C. Umppt, min est la tension minimale du MPPT et Umppt, max est la tension maximale du MPPT.

$$\text{nombre de chaines en parallèle} = E\left(\frac{I_{max}}{I_{cc} \times 1.25}\right) \quad (16)$$

Le coefficient 1.25 est un coefficient de sécurité.

L'onduleur qui sera utilisé est celui qui est intégré d'un système de MPPT pour que le système de pompage soit au fil du soleil.

3.4. Dimensionnement du système de pompage par groupe électrogène

Pour ce même système de pompage, nous allons remplacer la source d'énergie qui est le soleil par une source d'énergie fossile, notamment le diesel. Pour cela, les modules PV sont remplacés par un groupe électrogène. Le groupe électrogène est choisi sur la base des caractéristiques de la motopompe. La puissance **P** du groupe électrogène est calculée par la formule suivante (Louazene, 2008) :

$$P = \frac{E_{hydro}}{\eta_{MP} \times t_p} \quad (17)$$

P : puissance du groupe électrogène

η_{MP} : rendement de la motopompe

t_p : temps de pompage journalier

Pour pallier les différentes pertes au cours du temps du vieillissement du groupe électrogène, il est conseillé par certains constructeurs de faire un ajout de 20 % de puissance obtenue. La nouvelle puissance P' est alors :

$$P' = P(1 + 0{,}2) \quad (18)$$

La puissance apparente est :

$$S = \frac{P_l}{\cos\varphi} \quad (19)$$

4. Étude de cas

4.1. Présentation de la zone d'étude

Missolè II est l'un des neuf villages que compte l'arrondissement de la Dibamba, se situant à environ 30 kilomètres de la ville de Douala et environ 35 kilomètres de la ville d'Edéa, dans le département de la Sanaga-Maritime, région du Littoral Cameroun (CVUC, 2014). Ses coordonnées géographiques sont les suivantes : latitude 3 943° N et longitude 9 779° E. Il compte environ 2000 personnes en son sein, venant d'horizons divers. On y retrouve non seulement des Camerounais (Bamiléké, Beti, Sawa et Bassa en majorité), mais aussi les étrangers d'origine sénégalaise et malienne.

Le village Missolè II n'est connecté ni au réseau électrique ni au réseau de distribution d'eau. La population grandissante de ce village repose essentiellement sur les ressources d'eau souterraine.

C'est ainsi que l'on y retrouve quelques forages (environs trois) pour desservir tout le village. Il y a aussi des sources et quelques puits, mais qui tarissent pour la plupart en saison sèche parce que n'étant pas très profonds (moins de 10 mètres). De plus, ce village a la particularité que la saison sèche dure entre quatre et cinq mois (CVUC, 2014). Ceci retarde la saison des semis, mais aussi réduit la productivité des champs, car les agriculteurs de ce village comptent essentiellement sur les pluies pour l'approvisionnement des champs en eau.

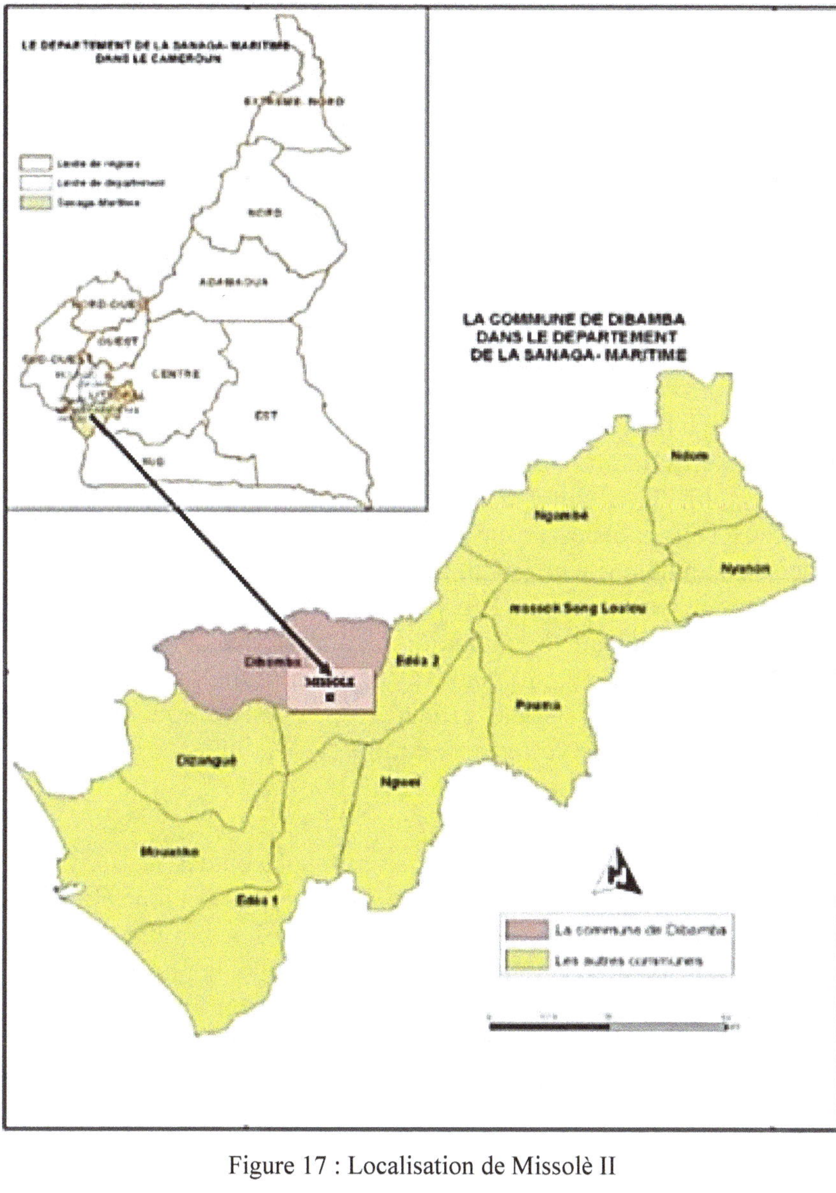

Figure 17 : Localisation de Missolè II

4.2. Activité agricole

Le système dimensionné ici servira à irriguer un champ de trois hectares de piment.

Le piment est une plante légumière qui appartient à la famille des solanacées au même titre que le poivron. Le nom scientifique du piment est *Capsicum frutescens*. Le piment peut être produit dans presque toutes les régions du Cameroun et sur presque toute l'année. La composition pour 100 grammes de piment frais est donnée par le tableau 29 :

Tableau 29 : Composition pour 100 grammes de piment frais

Substances actives	Protides	Lipides	Glucides	Calcium	Magnésium	Vitamines C
Quantités	1,2 g	0,3 g	4,1 g	10 mg	12 mg	140 mg

Le piment a la particularité d'être cultivable durant toute l'année : en saison pluvieuse (culture de saison) comme en saison sèche (culture de contre-saison). La culture de contre-saison généralement entre décembre et mars nécessite un arrosage permanent, car le piment est gros consommateur d'eau. Il faut donc disposer d'une motopompe pour pouvoir arroser le champ, car la présence d'un cours d'eau ou d'un puits ne suffit pas. La densité de plantation recommandée pour un champ de piment est d'environ 12 500 plants à l'hectare (1 m X 0,8 m). Si votre dispositif d'arrosage n'est pas efficace, vous pouvez tout simplement réduire la superficie de votre exploitation.

4.3. Milieu physique

Les données météorologiques qui seront présentées ici sont celles fournies par le logiciel 'Climwat 2.0' de l'organisation *Food and agriculture organisation* – FAO – et ces données proviennent de la station météorologique de Douala qui est d'ailleurs la plus proche pour ce village. Le tableau suivant présente l'évolution des pluies et des pluies efficaces au cours d'une année. Le mois avec le plus de pluies est celui d'août avec en moyenne 754,6 mm et celui de décembre avec en moyenne 34,8 mm, est le moins pluvieux.

Tableau 30 : Pluviométrie

Station DOUALA-OBS_ **Méthode Précipitations eff.** Méthode USDA S.C.

	Pluie	Pluie eff.
	mm	mm
Janvier	35.5	33.5
Février	63.6	57.1
Mars	168.4	123.0
Avril	229.5	145.2
Mai	271.6	152.2
Juin	429.0	167.9
Juillet	694.6	194.5
Août	754.6	200.5
Septembre	626.0	187.6
Octobre	409.7	166.0
Novembre	133.9	105.2
Décembre	34.8	32.9
Total	**3851.2**	**1565.5**

Source : 'Climwat'

L'évolution de la température moyenne maximale (orange) et minimale (bleu) est donnée par la figure suivante :

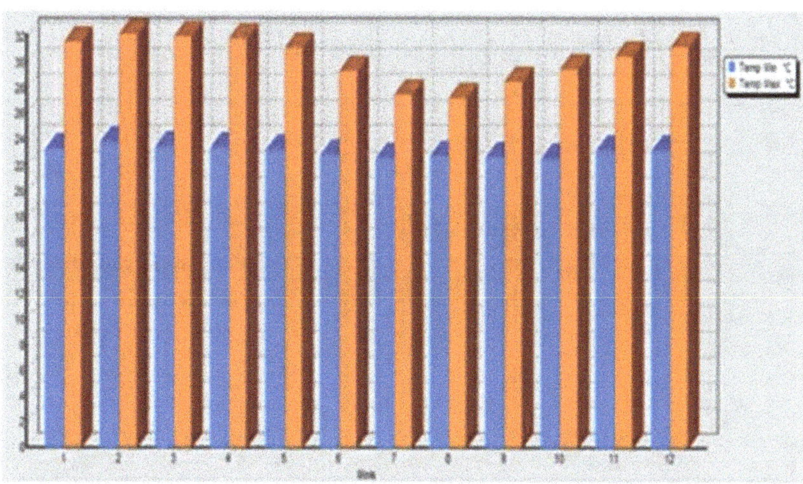

Figure 18 : Évolution de la température maximale et minimale

Source : Climwat

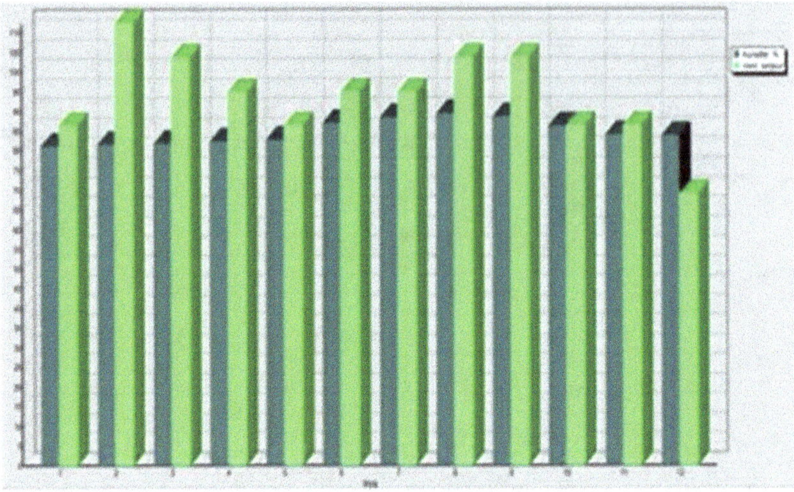

Figure 19 : Humidité et vitesse du vent

Le taux d'humidité et la vitesse moyenne du vent sont présentés par la figure 20.

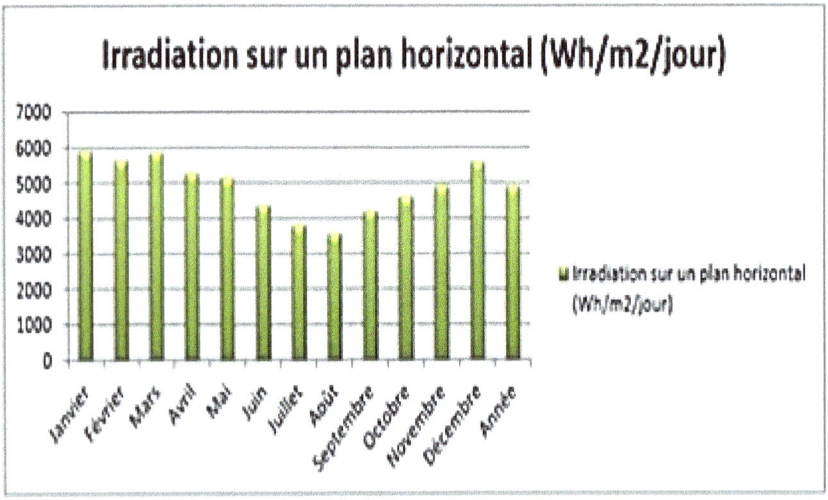

Figure 20 : Irradiation sur un plan horizontal
Source : PVGIS

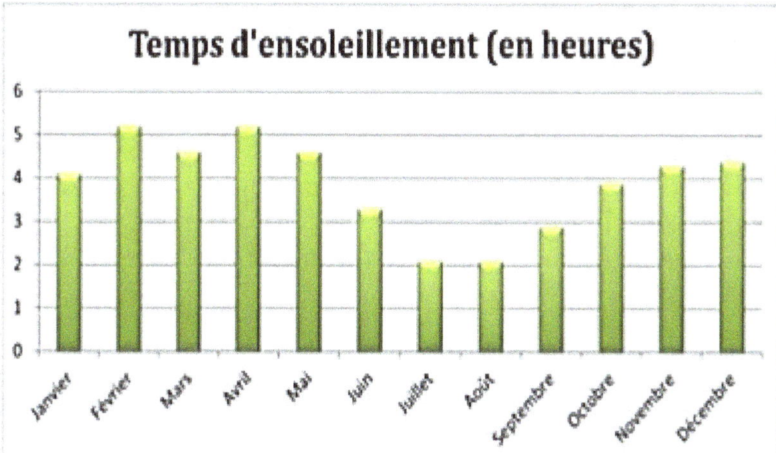

Figure 21 : Temps d'ensoleillement

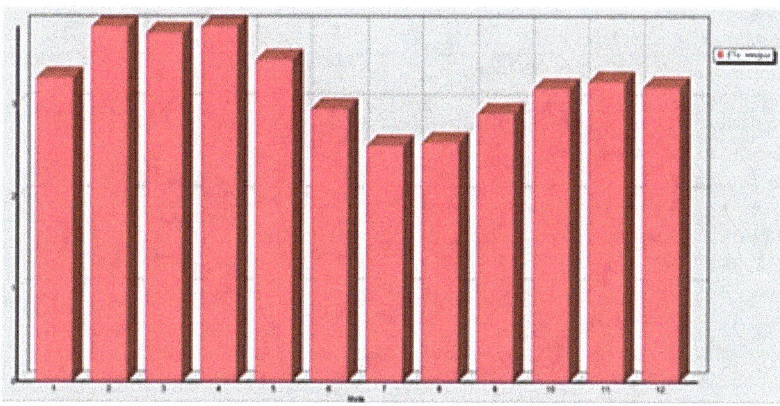

Figure 22 : Évapotranspiration de référence

5. Résultats

Le système de pompage devra approvisionner en eau un champ de trois hectares de piment soit un total de 37 500 plantes de piment en raison de 12 500 plantes par hectare. Le système est caractérisé par les trois valeurs suivantes :

- le volume journalier d'eau à pomper ;
- le rayonnement solaire journalier reçu par le générateur ;
- la hauteur manométrique totale de pompage.

5.1. Estimation des besoins en eau

Les besoins en eau pour irrigation ont été calculés pour la période pendant laquelle est pratiquée la culture de contre-saison c'est-à-dire de décembre à début avril dans le logiciel 'Cropwat 8.0'. Cette période est aussi la période d'exploitation du système, car à partir d'avril, les pluies sont assez pour satisfaire les besoins en eau du champ. Le tableau 31 suivant présente l'évolution des besoins en eau mensuels du champ pour l'irrigation goutte à goutte et l'irrigation par aspersion pour la période d'exploitation du système.

Tableau 31 : Besoins en eau du champ

Mois	Janvier	Février	Mars	Avril	Décembre
Pluie efficace (mm/mois)	33,5	57,1	123	145,2	32,9
ETc (mm/mois)	87,3	104,3	112,5	13	69,6
ETc corrigée (mm/mois)	111,7	133,5	144	16,6	89,1
Besoin d'irri. Brut (mm/mois/ha)	78,2	76,4	21	0	56,2
Besoin d'irri. Net (mm/mois/ha)	78,2	76,4	21	0	56,2
Besoin d'irri. Net (mm/mois/ha) Goutte à Goutte (90%)	86,9	84,9	23,4	0	62,4
Besoin d'irri. Net (mm/mois/ha) Aspersion (75%)	104,5	101,9	28	0	74,9
Besoin d'irri. Net (mm/mois) Goutte à Goutte (3 hectares)	260,8	254,7	70	0	187,3
Besoin d'irri. Net (mm/mois) Aspersion (3 hectares)	313	305,6	84	0	224,8
Besoin d'irri. Net (m3/mois) Goutte à Goutte (3 hectares)	2608,1	2546,8	700	0	1872,9
Besoin d'irri. Net (m3/mois) Aspersion (3 hectares)	3129,8	3056,2	840	0	2247,5

Nous remarquons que les besoins maximaux sont enregistrés au mois de Janvier : 2608,2 m^3/mois pour l'irrigation goutte à goutte et 3129,7 m^3/mois pour l'irrigation par aspersion.

5.2. Hauteur manométrique totale (HMT)

La nappe phréatique dans cette zone se trouve à 15 mètres et le réservoir de stockage se trouve à 2,5 mètres du sol ceci pour permettre à l'eau de circuler dans le réseau d'irrigation sans un apport supplémentaire d'énergie. Il faut également dire que ce champ a une configuration de plan incliné facilitant aussi la circulation de l'eau.

La hauteur statique est : Hs=17,5 m

Pour le calcul de la hauteur dynamique Hd, nous considérons que les pertes de charge valent 10 % de la hauteur statique Hs, d'où :

HMT= 19,25 m

Les pompes 'Grunfonds', notamment les pompes SP30 50 Hz sont utilisées pour la suite du dimensionnement. Le rendement de la pompe est de 45 % pour le système goutte à goutte et 50 % pour le système par aspersion ('Grunfonds', –), le moteur a un rendement de 85 % et celui de l'onduleur est de 96 %. Donc, la motopompe pour le système goutte à goutte a un rendement de 38,25 % et celui du système par aspersion 42,5 %.

Tableau 32 : Tableau récapitulatif des résultats de calcul pour le système goutte à goutte

Besoins en eau journalier	87 m3/jour
Débit horaire de la pompe	17 m3/h
Energie hydraulique journalière	4561 Wh/jour
Energie électrique	12420 Wh/jour
Puissance crête du générateur photovoltaïque	2527 Wc
Nombre de modules photovoltaïque	13
Nombre de branches parallèles	02

Tableau 33 : Tableau récapitulatif des résultats de calcul pour le système par aspersion

Besoins en eau journalier	105 m3/jour
Débit horaire de la pompe	20 m3/h
Energie hydraulique journalière	5473 Wh/jour
Energie électrique	13414 Wh/jour
Puissance crête du générateur photovoltaïque	2729 Wc
Nombre de modules photovoltaïque	14
Nombre de branches parallèles	02

Les figures suivantes présentent respectivement le schéma électrique dans le cas de l'irrigation goutte à goutte et dans le cas de l'irrigation par aspersion :

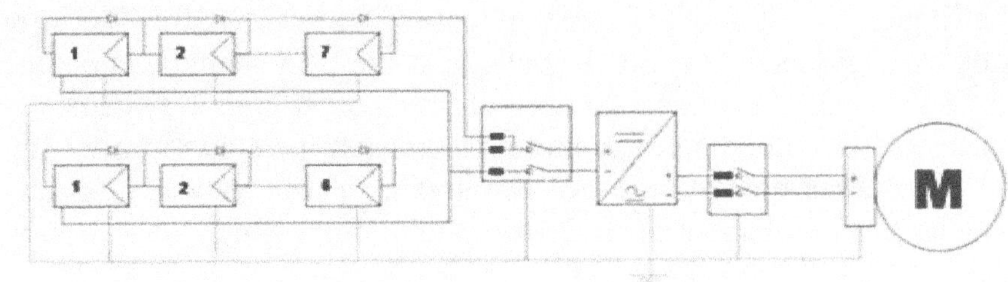

Figure 23 : Schéma électrique de l'irrigation goutte à goutte

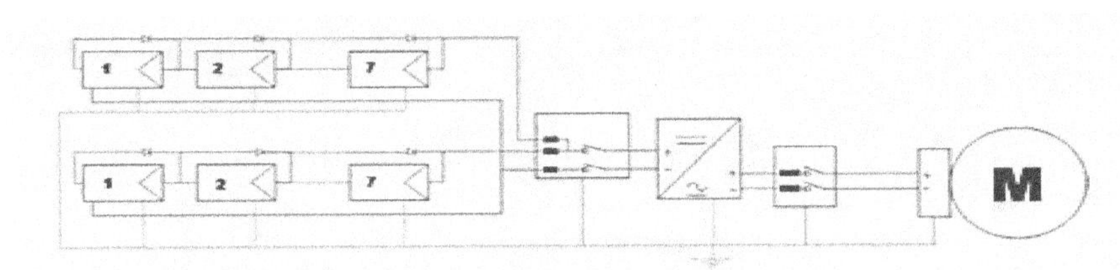

Figure 24 : Schéma électrique de l'irrigation par aspersion

Tableau 34 : Caractéristiques techniques du groupe électrogène

Générateur	AVR Diesel-Silencieux
Démarrage	électrique
Puissance maximale	5 kVA/5kW Monophasé 230 V
Consommation horaire	2 L/h
Longueur x Largeur x Hauteur	81cm x 56 cm x 59 cm
Poids net	84 kg

5.3. Réseau d'irrigation

La parcelle à irriguer est de trois hectares (250 m x 120 m). Dans ce qui suit, il sera question de dimensionner la tuyauterie pour les deux systèmes

❖ **Irrigation goutte à goutte.**

Pour ce cas, la parcelle sera divisée en trois secteurs d'un hectare chacun (60 m x 166,67 m)

Sur chaque ligne, on retrouve 60 plantes et sur une colonne, il y a 208 plantes. Alors pour irriguer cette parcelle, il faut un réseau de tuyaux constitué d'une conduite principale en PEHD (90 mm, 6 bars) qui va d'ailleurs desservir toute la parcelle, deux conduites secondaires (avec 63 mm, 6 bars, de 84 mètres de long chacune). À chacune de ces conduites secondaires, seront fixées aux niveaux des bornes, 52 conduites latérales en PEFD (16 mm, 4 bars, de 60 mètres de long) correspondant à 104 lignes de plantes. Sur chaque conduite latérale, on retrouve 60 goutteurs (2 L/h, 1 bar, « 160 mesh ») soit un goutteur par plante. Chaque goutteur va arroser deux plantes voisines simultanément.

Tableau 35 : Réseau d'irrigation goutte à goutte

Materiel	Quantite
Conduite principale (PEHD, 90 mm, 6 bars, 120 m)	*01*
Conduites secondaires (PEHD, 63 mm, 6 bars, de 84 m de long)	*03*
Conduites latérales *(PEFD, 16 mm, 4bars, de 60 m de long)*	*313*
Goutteur (2 L/h, 1bar, « 160 mesh »)	*18780*

Le débit total lorsque tous les goutteurs sont en marche est de 37 560 L/h soit un volume de 195,3 m^3 en multipliant 96,6 m^3/h par 5,2 heures (temps d'ensoleillement) ce qui nous donne 502,32 m^3. Pour ce cas, le stockage sera de 90 m^3.

❖ Irrigation par aspersion

Pour ce système, il sera judicieux de procéder sans diviser la parcelle en secteurs. Le réseau sera donc constitué d'une conduite principale (PEHD, 90 mm, 6 bars, 120 mètres de long). À cette conduite seront fixées deux conduites latérales (PEFD, 63 mm, 6 bars, 250 mètres de long). Sur ces deux conduites latérales et à des intervalles de 12 m seront fixés des tuyaux flexibles (PEFD, 25 mm, 3,5 bars, 30 mètres de long) ; soit un total de 42 tuyaux flexibles. À l'autre extrémité de chaque tuyau flexible, sera monté sur un trépied un asperseur (2,3 m^3/h,

2,5 bars) capable d'arroser un diamètre de 26 mètres. Tout cela est résumé dans le tableau qui suit :

Tableau 36 : Réseau d'irrigation par aspersion

Matériel	Quantité
Conduite principale (PEHD, 90 mm, 6 bars, 120 m de long)	01
Conduite latérale (PEFD, 63 mm, 6 bars, 250 m de long)	02
Tuyau flexible (PEFD, 25 mm, 3.5 bars, 30 m de long)	42
Asperseur double buses (2.3 m3/h, 2.5 bars)	42

Le débit total du système lorsque tous les asperseurs sont en marche est de 96,6 m^3/h soit 502,32 m^3 au mois de pointe. Le volume de stockage est 60 % de ce volume soit 150 m^3.

5.4. Analyse économique et environnementale

5.4.1. Analyse économique ou financière

L'analyse financière d'un projet vise à évaluer les incidences financières du projet pour l'agriculteur, les entreprises publiques et privées, les organismes publics chargés de l'exécution et toute autre partie prenante. Elle établit le coût des investissements financiers et de la production et compare ces données aux bénéfices escomptés. Les frais d'investissement comprennent l'achat et la mise en valeur des terres, les travaux de génie civil, l'achat d'équipement et les compétences techniques. Les frais de production couvrent des éléments tels que les matériels, les intrants, l'énergie, les réparations, l'entretien, la main d'œuvre. Par ailleurs, une évaluation des résultats et bénéfices du projet sera réalisée afin de déterminer sa rentabilité et sa viabilité. Il existe plusieurs méthodes d'évaluation de la rentabilité. Les plus courantes utilisent les indicateurs suivants : VAN, ratio bénéfices-coûts (B/C), TRI, période de recouvrement et coût global actualisé du m3 d'eau pompé (Savva & Frenken, 2002).

Une étude comparative sera d'abord menée sur le coût global actualisé du m^3 d'eau pompée en utilisant l'énergie solaire et l'énergie fossile (diesel). Son évaluation nécessite la connaissance d'un certain nombre de données à savoir (Louazene, 2008) :

- la durée de vie de chaque composant ;
- le coût ou l'investissement initial ;
- les coûts de maintenance annuels relatifs au système photovoltaïque ;
- les coûts de remplacement des différents sous-systèmes.

Il est à noter que certaines de ces données sont connues et d'autres estimées.

L'investissement total initial Itot est calculé par l'expression suivante (Louazene., 2008) :

$$I_{tot} = C_{GPV} + C_{ond} + C_{réseau\ irrigation} + C_{MP} + C_{génie\ civil}$$

Ici, C_{GPV} est le coût du générateur PV plus les accessoires.

C_{ond} est le coût de l'onduleur.

$C_{réseau\ irrigation}$ est le coût du réseau d'irrigation incluant la tuyauterie et l'ouvrage de tête.

C_{MP} est le coût de la motopompe.

$C_{génie\ civil}$ est le coût des travaux du génie civil incluant la construction du réservoir et du puits.

Nous utilisons la méthode de calcul des coûts sur la durée de vie (life cycle cost). Le coût global annuel (CGA) de la valeur actualisée est calculé par la formule suivante (Louazene., 2008) :

$$C_{GA} = A_{tot} + E_{tot}$$

Atot est l'amortissement total ;

Etot est l'entretien et la maintenance totale.

Le calcul du coût de l'énergie tient compte de l'amortissement sur le temps. Il prend en compte la durée de vie des composants ainsi que les profits réalisés sur toute la durée active du système (Louazene, 2008). L'amortissement total est donné par la formule suivante :

$$A_{tot} = A_{GPV} + A_{ond} + A_{réseau\ irrigation} + A_{MP} + A_{génie\ civil}$$

Pour chaque composant, la formule de l'amortissement est donnée par :

$$A_i = \frac{C_i}{N_i}$$

i=1, 2, 3, 4, 5 (désignant respectivement les différents composants du système) ;

Ni est la durée de vie active de chaque composant.

Tableau 37 : Durée de vie de chaque composant du système

Composant (i)	Générateur PV (1)	Onduleur (2)	Réseau Irrigation (3)	Motopompe (4)	Travaux du génie civil (5)
Durée de vie (Ni)	25 ans	07 ans	25 ans	07 ans	25 ans

Malgré la fiabilité des pompes solaires, il est indispensable de prendre des précautions et de veiller à leur bon fonctionnement par un entretien périodique. Dans la mesure où les hypothèses de départ peuvent être différentes, le coût de l'entretien est très difficile à évaluer dans le temps. Pour calculer un coût moyen annuel, l'approche la plus raisonnable est basée sur une expérience vécue sur le terrain qui, aussi théorique qu'elle soit, donnerait un ordre de grandeur réaliste (Louazene, 2008). Le coût d'entretien total annuel du système est donné par l'expression suivante :

$$E_{tot} = E_{GPV} + E_{ond} + E_{réseau\ irrigation} + E_{MP} + E_{génie\ civil}$$

Le coût d'entretien de chaque composant se calcule comme suit (Louazene M. L., 2008) :

$$E_i = C_i \times Rt_i$$

Où

Rt_i (i=1 à 5) représentent les coefficients d'estimation des coûts d'entretien des différents composants par rapport à l'investissement initial.

L'étude de la rentabilité du projet se fait au moyen du calcul de la VAN et du TRI. À cet effet, il est nécessaire de connaître (Legging, 2012) :

❖ la durée de vie des équipements ;

❖ le taux d'actualisation admis sur le marché (10 %) ;

- les investissements à consentir sur l'ensemble de la durée de vie de l'unité de production évaluée par année ;
- les recettes annuelles ;
- les dépenses d'exploitation par année.

La VAN est la somme des flux de trésorerie actualisés, comprenant l'investissement initial ainsi que tous les flux financiers positifs et négatifs liés au projet (Grundner et *al.*, 2015). Son expression est donnée par l'équation suivante :

$$VAN = -I_0 + \sum_{j=1}^{n} \frac{CF_j}{(1+i)^j}$$

I_0 : investissement initial CF ;

j : flux de trésorerie de l'année j ;

i : taux d'actualisation ;

n : durée de vie de l'investissement.

Le TRI d'un investissement ou d'un projet est le taux de rendement pour lequel la valeur actualisée nette de tous les flux de trésorerie (positifs et négatifs) est égale à zéro.

Tableau 38 : Récapitulatif de l'analyse financière

Techniques d'irrigation	Goutte à goutte	Aspersion
Investissement initial (PV)	23 348 795 FCFA	12 248 445 FCFA
Investissement initial (Diesel)	20 867 345 FCFA	9 566 995 FCFA
Coût global sur la durée de vie (PV)	*2 648 599 FCFA/an*	*1 269 557 FCFA/an*
Coût global sur la durée de vie (Diesel)	*3 701 972 FCFA/an*	*2 310 930 FCFA/an*
Coût global actualisé du m (PV)	*254 FCFA*	*101 FCFA*
Coût global actualisé du m (Diesel)	*355 FCFA*	*183 FCFA*
Quantité d'eau annuelle pompée	*10440 m³*	*12600 m³*
Valeur actualisée nette sur 20 ans	*48 247 282 FCFA*	*59 347 632 FCFA*
Taux de rentabilité Interne	*36 %*	*66 %*

- L'investissement initial pour le cas du photovoltaïque est plus élevé que celui du diesel.
- L'investissement initial pour le cas du système goutte à goutte est plus élevé que celui du système par aspersion.
- Le coût global sur la durée de vie est plus élevé pour le cas du diesel que pour le photovoltaïque parce que dans le cas du diesel, le coût d'entretien est plus élevé.
- Le m^3 d'eau coûte plus cher pour le solaire que pour le diesel, quel que soit le système d'irrigation.
- Pour le système d'irrigation goutte à goutte, le m^3 d'eau coûte 254 FCFA pour le solaire (photovoltaïque) et 355 FCFA pour le diesel soit une différence de 101 FCFA.
- Pour le système d'irrigation par aspersion, le m^3 d'eau coûte 101 FCFA pour le solaire (photovoltaïque) et 183 FCFA pour le diesel soit une différence de 82 FCFA.

De tout ce qui précède, force est de constater que le pompage d'eau avec le solaire photovoltaïque semble plus intéressant que le pompage d'eau avec le diesel. De plus, le système d'irrigation goutte à goutte bien que plus efficace, coûte nettement plus cher que le système d'irrigation par aspersion. Ceci est certainement dû à sa complexité.

5.4.2. Analyse environnementale

Cette analyse permet de calculer la quantité de gaz à effet de serre qui pourrait être évitée par l'utilisation d'une énergie renouvelable (solaire photovoltaïque) par rapport à une énergie fossile (diesel) qui est considérée comme cas de référence. À cet effet, la formule suivante sera utilisée (Kanmegne, 2013) :

$$\Delta_{GES} = (e_{ref} - e_{prop})E_{prop}(1 - \lambda_{prop})$$

eref est le facteur d'émissions de GES pour le cas de réfé (g/kWh);

eprop est le facteur d'émissions de GES pour le cas proposé (g/kWh);

Eprop est la quantité annuelle d'électricité produite par le cas proposé (kWh);

λ prop est la fraction d'électricité perdue en transport et en distribution dans le cas proposé.

Les valeurs des facteurs d'émissions du CO_2 des différentes sources d'énergie sont les suivantes (Kanmegne, 2013) :

- 778 g/kWh pour le diesel ;
- 13 g/kWh pour le photovoltaïque.

La quantité d'énergie produite pour le système d'irrigation goutte à goutte sur 120 jours ou quatre mois (correspondant à la période d'exploitation du système au cours d'une année) est **1 490,359 2 kWh** et **1 609,617 6 kWh** pour le système d'irrigation par aspersion.

- *Réduction annuelle des émissions de CO_2 pour le cas du système goutte à goutte*

$$\Delta_{GES\text{-}goutte} = \mathbf{1140,12kgde}CO_2\mathbf{paran}$$

- *Réduction annuelle des émissions de CO_2 pour le cas du système par aspersion* $\Delta_{GES\text{-}aspersion}$= **1231, 36 kg de CO_2 par an**

De ces résultats, nous pouvons voir que le fait que la demande énergétique du système par aspersion soit plus élevée, la quantité de gaz à effet de serre (CO_2 dans ce cas) à éviter est plus grande.

L'analyse faite ci-dessus ne concerne que l'impact environnemental du projet déjà en utilisation. Il faut noter aussi qu'il existe d'autres impacts lors de la mise en place du projet, notamment lors des travaux du génie civil (construction du réservoir de stockage) où il y a des émissions de gaz à effet de serre qui ne sont pas facilement quantifiables.

Conclusion

Le manque ou l'insuffisance d'eau pose généralement un problème grave aux agriculteurs du Cameroun, notamment en zone rurale où l'agriculture occupe une place primordiale dans la vie des villageois parce qu'étant l'activité phare. Les agriculteurs du village Missolè II rencontrent trop de problèmes d'eau en saison sèche où les quelques marigots existants tarissent et cela les empêche d'exercer paisiblement leurs activités. La mise en place d'un système d'irrigation fonctionnant avec une énergie renouvelable serait un idéal pour pallier ce problème d'eau. De ce fait, le solaire photovoltaïque a été choisi comme source d'énergie et en essayant de trouver le système d'irrigation le mieux adapté, une étude comparative a été faite non seulement sur deux systèmes d'irrigation les plus répandus *(*goutte à goutte et aspersion*)*, mais aussi sur la source d'énergie (solaire et diesel). Au terme de ce travail, plusieurs résultats ont été obtenus.

❖ Pour le système d'irrigation goutte à goutte, les besoins en eau journaliers sont de **87 m³/jour** et cela demande une énergie de **12 420 Wh/jour ;** tandis que pour le système d'irrigation par aspersion, les besoins en eau sont de **105 m³/jour** nécessitant une énergie de **13 414 Wh/jour.** La différence ici, s'explique du fait que le système goutte à goutte est plus efficace que le système par aspersion et ceci nous permet de valider la *première hypothèse* selon laquelle : avec le système goutte à goutte, la demande énergétique est moindre par rapport au système par aspersion.

❖ L'étude financière révèle que pour mettre en place un système de pompage d'eau pour irrigation goutte à goutte sur une superficie de trois hectares, il faut dépenser **23 348 795 FCFA** pour le cas du solaire photovoltaïque et **20 867 345 FCFA** pour le diesel ; pour le système de pompage d'eau pour irrigation par aspersion, il faut dépenser **12 248 445 FCFA** pour le cas du solaire photovoltaïque et **9 566 995 FCFA** pour le diesel. De plus, le m^3 d'eau pour l'irrigation goutte à goutte vaut **254 FCFA** pour le cas du solaire photovoltaïque et **355 FCFA** pour le diesel et le m^3 d'eau pour l'irrigation par aspersion vaut **101 FCFA** pour le cas du solaire photovoltaïque et **183 FCFA** pour le diesel. De ce qui précède, nous pouvons valider la deuxième hypothèse selon laquelle le système d'irrigation goutte à goutte est plus cher que celui par aspersion.

❖ Il est aussi bien de noter de ce qui précède que le pompage d'eau avec le diesel comme source d'énergie est plus coûteux que le pompage d'eau par le solaire photovoltaïque bien que les investissements initiaux soient plus élevés pour le solaire photovoltaïque que pour le diesel. En plus, l'utilisation du groupe électrogène implique une bonne quantité de gaz à effet de serre qui seront émis, dégradant ainsi l'environnement.

Références bibliographiques

Ahjoubi A., Ridha Fethi M., & Ben Brahim A., (2010), *Dimensionnement d'une installation solaire de pompage d'eau pour l'irrigation goutte à goutte au climat de Médenine*, Tunisie, Revue des Régions arides, *3*(24) : 1037-1044.

Bengtsson N., & Nilsson J., (2015), *Solar Water Pumping for Irrigation : Case Study of the Kilimanjaro Region in Tanzania,* Halmstad, 22 p.

Djafour A., & Aida M., (2009), *Étude d'un système de pompage photovoltaïque pour l'irrigation d'une palmeraie à Ouargla*, Annales de la Faculté des Sciences et Sciences de l'Ingénieur, *1*(3), 1723 p.

Garces-Restrepo C., Vermillion D., & Muñoz G., (2007), *Irrigation management : Worldwide efforts and results,* (C. D. FAO, Éd.) Rome, Italie : Viale delle Terme di Caracalla, 29p.

Gopal C., Mohanraj M., Chandramohan P., & Chandrasekar P., (2013), *Renewable energy source water pumping systems—A literature review, Renewable and Sustainable Energy Reviews*, pp. 351–370.

Grundner C., Bader M., Groß C., & Najdawi C., (2015), *Analyse de cash-flow dynamique des projets photovoltaïques en Tunisie,*

Tunis, Tunisie: Deutsche Gesellschaft für Internationale Zusammenarbeit (GIZ) GmbH, 62 p.

Ky M. T., (2007), *Système photovoltaïque : Dimensionnement pour pompage d'eau, pour une irrigation goutte-à-goutte,* Ouagadougou, 23 p.

Ligring L., (2012), *Étude pour la mise en place du système de pompage solaire d'un champ de neuf hectares pour une irrigation goutte à goutte à Seheba au Tchad,* Institut international d'Ingénierie, Ouagadougou, 34 p.

Louazene M. L., (2008), *Étude technico-économique d'un système de pompage photovoltaïque sur le site d'Ouargla,* Université El Hadj Lakhdar – Batna, Batna, 22 p.

Louazene M. L., Korichi D., & Azoui B., (2013), *Dimensionnement d'un système de pompage photovoltaïque : application sur le site de Ouargla, The International conference on electronics & oil : from theory to applications*, 5 p.

MINEE, (2010), Rapport de la cellule du système d'information énergétique sur la *situation énergétique du Cameroun,* 22 p.

Royer J., Djiako T., Schiller E., & Sada Sy B., (1998), *Le pompage photovoltaïque : manuel de cours à l'intention des ingénieurs.* IEPF, Université d'Ottawa, EIER, CREPA. Ottawa : Québec G1K 4A1 CANADA, 22p.

Sacerdoti E., Ayong E., & Edima J., (2014), *Basic Agricultural Public Expenditure Diagnostic Review (2003–12),* Banque mondiale, Yaoundé, 33 p.

Savva A. P., & Frenken K., (2002), *Module 4 : Planification, développement, suivi et évaluation de l'agriculture irriguée avec la participation des paysans : Besoins en eau des cultures et établissement de programmes d'arrosage* (Vol. IV). Harare, Zimbabwe : FAO SAFR.

Vabre C., Chiva S. V., López L. H., & Bolívar J. J., (2012), *Manuel d'utilisation du programme de calcul CECIIL (Calcul et conception d'infrastructures d'irrigation localisée).* VALENCIA, Spain : PSYLICOM Distribuciones editoriales, 58 p.

Chapitre VI

Dimensionnement d'un système de pompage photovoltaïque pour l'irrigation goutte à goutte et la maîtrise de l'eau et étude comparative avec un système classique : cas de la localité Mbé dans le département de la Vina (Cameroun)

Ariel TEYOU NGOUPO

Chercheur associé au LaME, ENSTP/Yaoundé, Cameroun

Introduction

Les secteurs agricole et rural du Cameroun sont des secteurs qui peuvent être considérés comme les vitrines principales du développement économique. Ils représentent 21,7 % du PIB total en 2014 et impliquent 60 % de la population active (*World Bank*, 2014). Le défi du développement des États sahéliens, connaissant habituellement des saisons pluvieuses courtes et parfois de mauvaises récoltes, passe par le développement du secteur agricole (Ky, 2007). Bien que les mondes de l'eau et de l'énergie soient très distincts, ces secteurs sont fortement couplés ; il faut qu'ils se parlent plus afin d'optimiser les systèmes eau-énergie (Jean-Loup & Julien, 2007) principalement dans les zones arides. Le problème d'eau se pose partout. Cette observation est d'autant plus marquée dans les régions septentrionales du Cameroun où une agriculture pratiquée avec des moyens limités n'est aujourd'hui plus capable de répondre aux besoins de subsistance de la population. Face aux circonstances actuelles, il est donc impératif de développer des méthodes de gestion durable des ressources naturelles telles que l'irrigation[15] pour l'économie et la maîtrise de l'eau en zone aride. Ayesha et *al.* (2015) pensent qu'il est nécessaire de remplacer dans les zones sahéliennes les sources traditionnelles d'énergie par l'énergie solaire ; et les méthodes conventionnelles d'irrigation par des systèmes d'irrigation de haute efficacité afin d'accomplir les défis de l'agriculture dans l'avenir. Des

---

[15]Dans les actes de consultation sur l'irrigation en Afrique en 1997 à Lomé, le terme « irrigation » a été défini comme « l'application d'eau complémentaire à celle fournie directement par les précipitations naturelles pour la production agricole » (Phocaides, 2008).

études théoriques et expérimentales ont prouvé que le pompage solaire d'eau pour une irrigation « goutte à goutte » est le meilleur compromis pour développer l'agriculture dans les zones sahéliennes, du fait de l'économie d'eau que ce système d'irrigation apporte (Ky, 2007). L'eau et l'énergie sont les principaux fils conducteurs et forment un moteur au développement de l'agriculture (Pie, 2015).

L'analyse du contexte de l'agriculture irriguée dans les régions septentrionales du Cameroun montre un intérêt particulier dans la mesure où le déficit hydrique global qui existe sur la quasi-totalité de la région pourra entraîner un déficit sur le plan alimentaire. L'accès à l'énergie moderne est essentiel pour assurer la sécurité alimentaire et les objectifs de développement durable. Dans ces régions septentrionales, l'ensoleillement moyen est de 5,74 kWh/(m^2.jour) (SIE-Cam, 2012). Il y a une nette adéquation entre la demande maximale en eau, pour la population, le bétail et l'agriculture, et la disponibilité optimale de la ressource solaire. De cette observation « comment améliorer la productivité agricole des champs dans ces régions par un système d'irrigation goutte à goutte couplé à un système de pompage photovoltaïque (SPPV) au fil du soleil ? ». Cette amélioration permettra ainsi d'augmenter la sécurité alimentaire[16] dans ces régions fragilisées par les changements climatiques. Ce travail consiste donc à dimensionner le réseau d'irrigation et le système photovoltaïque qui devront satisfaire la demande en eau des cultures irriguées. Afin de garantir que l'énergie et l'eau soient toujours disponibles dans le cas du pompage solaire, le système photovoltaïque (PV) est dimensionné sur la base du mois le plus défavorable de la saison sèche. Par la suite, une analyse financière par étude comparative est faite suivie d'une brève étude environnementale. Il est à noter que le critère le plus important dans le choix d'un système d'irrigation est le besoin en énergie des différentes options étudiées. D'un point de vue économique et environnemental, il est préférable d'opter pour un aménagement qui utilise le moins d'énergie possible (Andreas & Karen, 2001).

[16]Sécurité alimentaire : « Les gens sont en situation de sécurité alimentaire quand ils ont un accès régulier (par le biais de la production ou par le biais du pouvoir d'achat) à suffisamment de nourriture pour une vie saine et productive » (Wynn, 2003).

1. Matériels et méthodes

1.1. Zone d'étude

L'arrondissement du Mbé fait partie des huit arrondissements que compte le département de la Vina. Cet arrondissement est le centre administratif de plusieurs localités et diverses ethnies y résident. Les énergies utilisées sont le bois de chauffage, le charbon, le réchaud à pétrole et le gaz domestique pour la cuisson ; les groupes électrogènes, l'énergie solaire (figure 25), etc. Pour l'adduction en eau potable, la localité regorge de nombreux puits et forages d'environ 45 mètres de profondeur.

Figure 25 : Mini centrale Photo Voltaïque qui alimente l'hôpital central de Mbé.

Les sols de la région de l'Adamaoua du Cameroun sont de types ferrugineux et ferrallitiques et se sont développés sur des roches basaltiques, granitiques et sédimentaires. Ces sols sont favorables aux activités agricoles (MINEPAT, 2015). Pour l'irrigation des cultures, les motopompes à essence sont en général utilisées (figure 26) par les paysans. Le potentiel solaire de la région issue de PVGIS est présenté à la figure 27 et l'irradiation solaire globale varie entre 2000 et 2400 kWh/m^2 par an.

Figure 26 : Motopompe à essence utilisée par un agriculteur de la localité.

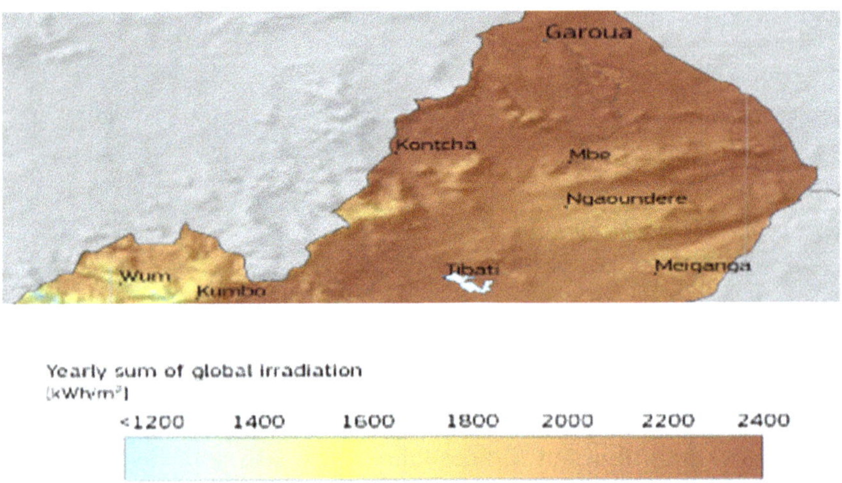

Figure 27 : Irradiation globale dans une partie du Grand-Nord du Cameroun

Source : PVGIS

Au regard du potentiel solaire de la région qui est propice à l'utilisation de l'énergie solaire PV, le dimensionnement d'un SPPV au fil du soleil se fait suivant les étapes ci-après (Jeff & Gillett, 1985) :

(1) définir les conditions du site ;

(2) faire l'estimation de la charge (besoins en eau et surface irrigable) ;

(3) calculer l'énergie et la puissance hydrauliques nécessaires ;

(4) dimensionner le champ PV et les appareils conditionneurs de l'énergie ;

(5) calculer le volume du réservoir d'eau et dimensionner la tuyauterie.

1.2. Besoins en eau

La planification d'un système de distribution d'eau dépend principalement de la demande d'eau (Neway, 2004). Dans le cas de l'irrigation, la quantité d'eau nécessaire pour irriguer une superficie donnée dépend d'un certain nombre de facteurs qui sont principalement le type de culture, la méthode d'irrigation et les facteurs météorologiques (la température, l'humidité, la vitesse du vent, l'évapotranspiration du sol, et la saison de l'année en question) (Louazene, Korichi, & Azoui, 2013). À cela, toutes les pertes d'eau dues à l'évaporation, au bassin de rétention d'eau ouvert et au réseau d'irrigation sont également associées. Un choix sur l'autonomie recherchée doit être fait pour définir une capacité de stockage d'eau. Les besoins d'irrigation bruts, qui tiennent compte de la quantité d'eau qu'il faut réellement mobiliser pour satisfaire les besoins nets et qui tiennent également compte des pertes dans le transport de l'eau jusqu'à la plante, sont donnés par l'équation 7.1.

$$B_{brut} = \frac{ET_c - P_u}{R_p} \qquad (7.1)$$

Ici B_{brut} est le besoin brut en eau d'irrigation (mm/jour) ; ET_c est l'évapotranspiration de la culture (mm/jour) ; Pu est la pluie utile (mm/jour) qui peut être égale à 60 % de la pluviométrie totale mensuelle (Mahjoubi, Mechlouch, & Ben, 2009). Ces paramètres sont calculés à partir du logiciel 'Cropwat' (FAO, 2018), qui utilise des données climatiques et culturales. Ce programme interactif permet en outre d'élaborer des calendriers d'arrosage pour différentes conditions d'exploitation et de déterminer les quantités d'eau à fournir pour divers assolements. Rp est l'efficience globale du projet qui dépend du système d'irrigation utilisé. Le tableau 39 donne des valeurs d'efficience globale pour différents systèmes d'irrigation (Andreas & Karen, 2002).

Tableau 39 : Efficience de différents systèmes d'irrigation

Système d'irrigation	Efficience générale
Surface	45 %
Aspersion	75 %
Localisé	90 %

1.3. Dimensionnement du sous-système de pompage

La meilleure pompe est celle qui travaillera à son meilleur rendement autour du midi solaire (Fondation Énergies pour le Monde, 2005). Les données nécessaires au choix de la pompe sont le débit, Q, et la HMT. Quel que soit le type d'alimentation électrique, il est primordial d'évaluer la puissance absorbée (équation 7.2) par le moteur électrique de la pompe. Ce moteur doit être capable de supporter la puissance crête du générateur PV (Hadj Arab, Benghanem, & Gharbi, 2005) et de fournir l'énergie électrique (équation 7.3) nécessaire pour soulever l'eau pendant la même période (Louazene et *al.*, 2013).

$$P_{el} = \frac{\rho \cdot g \cdot Q \cdot HMT}{\eta_{MP}} \tag{7.2}$$

g est l'accélération de la pesanteur (m/s^2), ρ la masse volumique de l'eau (1000 kg/m^3), P_{el} est la puissance électrique du moteur (W), Q le débit (m^3/s), et η_{MP} le rendement de la motopompe.

$$E_{el} = \frac{C_h \cdot V \cdot HMT}{\eta_{MP} \times \eta_{ond}} \tag{7.3}$$

L'équation $C_h = 2,725 \frac{kg}{m^2 . s^2}$ est la constante hydraulique ; V est le volume d'eau journalier (m^3) et η_{ond} le rendement de l'onduleur si la pompe fonctionne en courant alternatif.

1.4. Dimensionnement du sous-système photovoltaïque

Les composantes du pompage PV doivent être soigneusement choisies pour un appariement convenable du système. Il est donc désirable que l'interception de toutes les caractéristiques respectives des composantes suive la ligne de puissance maximale du champ de générateurs PV (Neway, 2004). Deux méthodes sont utilisées pour le dimensionnement des systèmes de pompage PV : une méthode analytique et une méthode graphique (Louazene, Korichi, & Azoui, 2013). Dans ce travail, c'est la méthode analytique qui est utilisée. La puissance nominale du générateur PV sous les CSM[17] (éclairement G = 1000 W/m^2 et température de cellule $T_{réf}$ = 25 °C) (Jeff & Gillett, 1985 ; Hadj Arab, Benghanem & Gharbi, 2005 ; Louazene, Korichi, & Azoui, 2013) est donnée par :

$$P_C = \frac{1}{F_m\left[1-\beta\left(T_c - T_{réf}\right)\right]} \cdot \frac{G}{G_{dm}(\alpha)} \cdot E_{el} \qquad (7.4)$$

F_m= 0,9 est le facteur de couplage défini comme le rapport entre l'énergie électrique générée sous les conditions d'exploitation et l'énergie électrique qui se générerait si le système travaillait au point de puissance maximum (Jeff & Gillett, 1985 ; Hadj Arab et al., 2005) ; β est le coefficient de température des cellules ; $G_{dm}(\alpha)$ (en kWh/m^2/jour) l'irradiation moyenne journalière incidente sur le plan des modules à l'inclinaison α ; η_{pv} est le rendement moyen journalier du générateur dans les conditions d'exploitation ; et T_c (équation 7.5) est la température moyenne journalière des cellules durant les heures d'ensoleillement données par la formule d'Evans (RNCan, 2004).

$$T_C - T_a = \left(219 + 832 K_t\right)\frac{NOCT - 20}{800} \qquad (7.5)$$

Ici, NOCT est la température nominale des cellules solaires en opération, K_t est l'indice de clarté mensuel, et T_a la température ambiante moyenne du mois.

---

[17] CSM est le sigle de : Conditions standards de Mesure.

1.5. Dimensionnement du convertisseur DC/AC

Le dimensionnement de l'onduleur impose la façon de câbler les modules entre eux. Le choix et le nombre d'onduleurs reposent sur trois critères : la compatibilité en puissance, la compatibilité en tension et la compatibilité en courant (GUIDEnR PV, 2011). Afin d'éviter de provoquer une perte de rendement du groupe photovoltaïque ou la détérioration de l'onduleur, la puissance, la tension et l'intensité du courant provenant du générateur PV doivent respecter ces critères.

1.6. Dimensionnement du réservoir de stockage d'eau

Un réservoir est une infrastructure faite pour conserver de l'eau pour de différents buts (Noumon, 2008). Le volume de stockage est souvent dimensionné entre 60 % et 100 % du volume moyen journalier de l'eau pompée. Mais les dimensions peuvent varier en fonction des situations. Les matériaux et les méthodes utilisés pour construire les réservoirs varient selon les qualifications locales et les matériaux disponibles (Lary, 2012). L'irrigation goutte à goutte a l'avantage de nécessiter une faible pression (pression de hauteur d'eau) et la hauteur (équation 7.6) des supports dans le cas d'un réservoir surélevé (figure 28) dépend de cette faible pression.

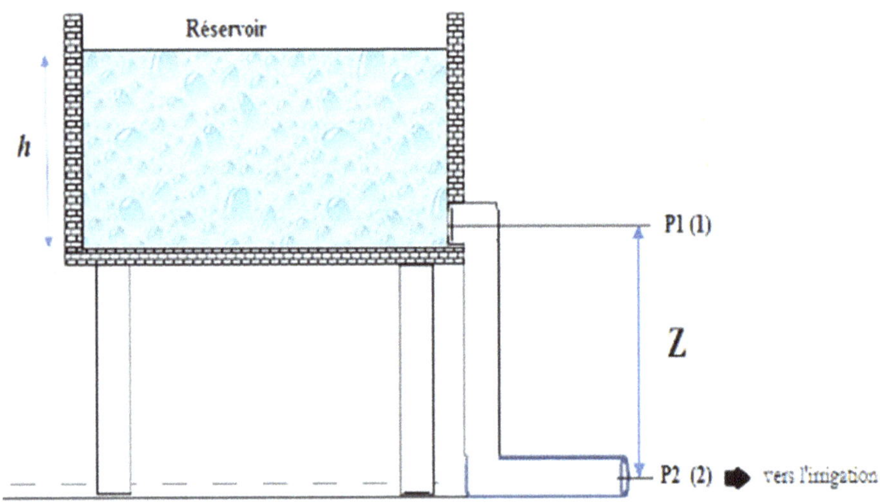

Figure 28 : Hauteur (Z) des supports d'un réservoir surélevé

$$Z = \frac{P_2 - P_1}{\rho g} + \frac{V_2^2 - V_1^2}{2g} \quad (7.6)$$

Avec P_1 est la pression et V_1, la vitesse d'écoulement (donnée par la formule de Torricelli) du fluide à la sortie de l'orifice du réservoir qui alimente la canalisation principale ; P_2 et V_2 sont respectivement la pression et la vitesse du fluide dans la canalisation principale au niveau du sol.

1.7. Puissance du groupe électrogène

Dans le cas de l'utilisation conventionnelle d'un système de pompage au groupe électrogène (SPGE), la puissance maximale du groupe est donnée par l'équation 7.7 (Zaida, 2006).

$$P_{GE,\max} = \frac{f_p \times P_p}{f_t} \times k_e \quad (7.7)$$

Pp est la puissance de pointe en W qui correspond à un court moment pendant lequel la consommation en électricité est la plus importante ; f_t = 0,9 est le facteur de pertes liées au transport de l'électricité dans les câbles et à la température du lieu ; f_p = 1,2 est le facteur qui permet d'assurer la longévité du groupe et une réserve de puissance (Worms entreprises, 2012) ; et K_e est le facteur d'extension des besoins. Notre système n'étant pas soumis aux variations annuelles des besoins, ce facteur est négligé dans ce travail. Sur les marchés, les groupes sont disponibles pour la plupart du temps en termes de puissance apparente en kVA (équation 7.8).

$$P_{app} = \frac{P_{GE,\max}}{1000 \times \cos\varphi} \quad (7.8)$$

2. Résultats et discussion

Les procédures utilisées pour concevoir un système d'irrigation goutte à goutte sont communes pour une surface et le type de cultures irriguées. Toutefois, la taille peut varier selon la zone de la récolte et le type de culture qui déterminent la quantité d'eau nécessaire (Pie, 2015). Pour les cultures de l'aubergine et de la tomate mises sur une superficie d'exploitation de deux hectares dans la localité de Mbé, la conception d'un système d'irrigation tient compte des données climatiques et se fait en fonction de différents paramètres d'entrée.

2.1. Données climatiques du site

Le site d'étude est un périmètre se situant dans le quartier 'Courounjaya' de la localité de Mbé. Il est positionné géographiquement à une altitude d'environ 567 mètres, une latitude de 7°50'30'' nord, et une longitude de 13°36'23'' est. Les données sur l'ensoleillement moyen mensuel selon une inclinaison de 15° des panneaux PV obtenues à partir de PVGIS sont présentées dans le tableau 40. Et les données sur les moyennes mensuelles de température ambiante obtenues sur 30 ans à partir du logiciel RETScreen sont présentées par la figure 29.

Tableau 40 : Ensoleillement moyen mensuel (kWh/m2/j) de Mbé sur plan horizontal (0°) sur plan incliné (α) (panneau orienté plein sud)

Mois	**Janvier**	**Février**	**Mars**	**Avril**	**Mai**	**Juin**	**An**
$\alpha = 0°$	6,40	6,64	7,27	6,04	5,72	5,33	5,82
$\alpha = 15°$	7,20	7,11	7,36	5,77	5,23	4,80	5,92
Mois	**Juillet**	**Août**	**Septembre**	**Octobre**	**Novembre**	**Décembre**	
$\alpha = 0°$	4,85	4,65	5,07	5,56	6,25	6,18	
$\alpha = 15°$	4,44	4,41	5,02	5,80	6,92	7,03	

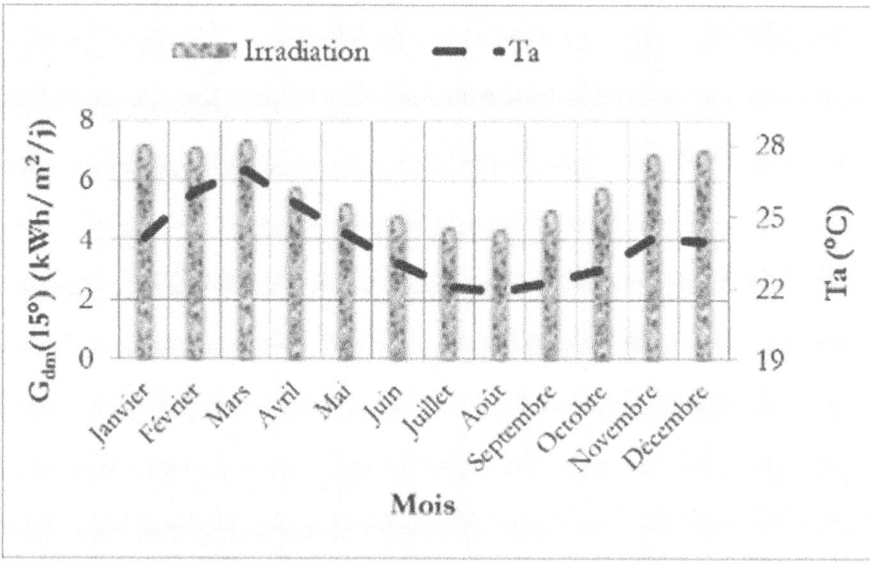

Figure 29 : Caractéristiques météorologiques de la localité de Mbé

Source : PVGIS (irradiation) et RETScreen (Ta).

Les caractéristiques météorologiques de Mbé (figure 30) montrent que l'irradiation moyenne mensuelle la plus élevée (7,36 kWh/m^2/j) est celle du mois de mars. Ce mois présente également une température moyenne mensuelle d'environ 27 °C. Cette localité présente une valeur moyenne annuelle assez élevée d'ensoleillement. Pour obtenir la plus haute efficacité du système, l'irradiation solaire frappant les panneaux PV doit être maximisée en minimisant les pertes (Pie, 2015).

2.2. Cahier de charge des cultures

Les besoins en eau des cultures de l'aubergine et de la tomate sont déterminés en utilisant les logiciels 'Climwat' et 'Cropwat' (FAO, 2018). Ils permettent d'obtenir entre autres les valeurs estimées d'évapotranspiration et de précipitations dans le cas où d'autres valeurs ne sont pas disponibles. Pour la localité de Mbé, les valeurs des paramètres météorologiques de la station de Ngaoundéré sont plus proches du périmètre à irriguer et seront ainsi prises comme paramètres d'entrée.

Ainsi, en utilisant 'Cropwat', les besoins en eau pour les cultures de l'aubergine et de la tomate en saison sèche sur une surface irriguée de deux hectares sont obtenus (figure 26 ci-dessus). Chacune des deux cultures occupe une superficie d'un hectare. La figure 30 présente clairement la période d'intervention et d'exploitation du SPPV : novembre-février.

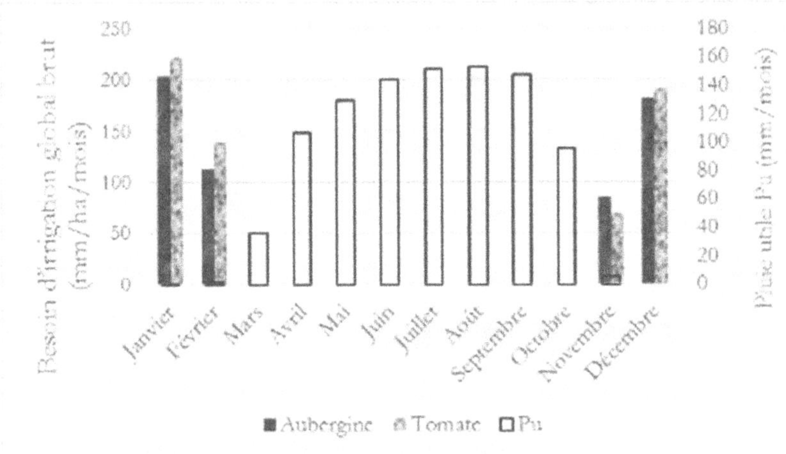

Figure 30 : Besoins mensuels bruts en eau d'irrigation de chaque culture

Afin d'interrompre les cycles de vie des pathogènes et de réduire la probabilité de subir des dommages provoqués par des maladies ou des ravageurs, il est important de pratiquer la rotation des cultures, c'est-à-dire qu'il faut planter différentes cultures de familles différentes sur un même champ au cours des saisons de croissances qui se suivent (Shankara, Joep, Marja, Martin, & Barbara, 2005). L'aubergine et la tomate, qui sont de la famille des solanacées, seront remplacées par l'oignon (famille des liliacées) en saison de pluies : mars-octobre (figure 30).

2.3. Paramètres du forage et choix de la pompe

Afin de garantir la disponibilité de l'énergie et de l'eau pendant la période d'irrigation, le générateur PV est dimensionné sur la base du mois le plus défavorable de la haute saison (Mekerbeche et al., 2013). Les besoins en eau ayant été déterminés (figure 30), le débit journalier maximal pour cette saison est de 142,5 m^3/jour pour les deux cultures ; et l'irradiation solaire moyenne mensuelle la plus faible pour cette même saison est celle de novembre (tableau 41). D'après ce tableau, la moyenne journalière de la somme de l'irradiation globale, par mètre carré, reçue par les modules du système au mois de novembre est de

6,92 kWh/m²/j. Ainsi, le nombre d'heures d'ensoleillement maximal à 1 kW/m² (Mohamed Lakhdar, 2015) est h = G_{dm} (α)/G, soit 6,92 heures d'ensoleillement maximal par jour. Ainsi, le débit horaire, pour couvrir les besoins en eau des cultures est de :

$$Q_h = 142,5/6,92 = 20,6 \quad \Rightarrow \quad Q_h = 20,6\ m^3/h$$

Tableau 41 : Besoins journaliers moyens des cultures

Mois	Janvier	Février	Mars	Novembre	Décembre
Saison	Sèche				
Volume (m³/j)	142,5	83,8	0,0	51,7	124,3
$G_{dm}(\alpha)$ (kWh/m²/j)	7,2	7,11	7,36	6,92	7,03

Pour ce système de pompage solaire, il faut donc choisir une pompe capable de débiter environ 20,6 m³/h à une hauteur manométrique totale de 79,15 m. La pompe choisie devra être telle que son point de fonctionnement se situe dans la zone des rendements maxima, même si pour cela on doit choisir une pompe plus chère. L'économie d'énergie qui en résulte à l'exploitation justifie généralement ce supplément de coûts d'investissement (Joël, s.d.). La pompe doit être capable de fournir une puissance électrique d'environ 7,45 KW. Les caractéristiques de la pompe choisie du constructeur 'Grunfonds' sont données dans le tableau 42.

Tableau 42 : Caractéristiques électriques de la motopompe

Type de pompe	Débit nominal	η_{pompe}	η_{moteur}	Puissance du moteur	Tension d'alimentation	I_n
SP 30-9	25 m³/h	0,732	0,814	9,2 kW	Triphasé (230 V)	39,5 A

2.4. Taille du champ photovoltaïque et câblage des modules PV

La puissance totale du générateur PV qui doit satisfaire les besoins journaliers en eau pour l'irrigation des cultures en saison sèche (novembre-février) est d'environ 9,29 kWp comme le montre le tableau 43, qui donne un aperçu global sur l'exploitation du système, dimensionné sur la base du mois de novembre.

Tableau 43 : Besoins, énergies et puissance du générateur PV

Mois	Heure Max (h)	Q (m^3/jour)	E_{el} (kWh/jour)	P_{el} (kW/jour)	Tc (°C)	Pc (kWp)
Nov.	6,92	51,7	19,04	2,70	48,1	3,37
Déc.	7,03	124,3	52,50	7,45	48,2	9,29
Janv.	7,20	142,5	43,59	6,81	48,4	7,72
Févr.	7,11	83,8	43,59	6,81	49,3	7,75

La puissance électrique nominale du moteur étant de 9,2 kW, sa puissance apparente est de 13,14 kVA. Le démarrage des moteurs asynchrones sous tension nominale qui se fait le matin sous un faible ensoleillement dans le cas du SPPV occasionne un gros appel de courant. En tenant compte d'un facteur de correction et des éventuelles surcharges, une marge de 20 % peut être prise sur la puissance apparente (Abdoul & Seydou, 2006). La puissance de l'onduleur est alors de 15,768 kVA. L'onduleur SMA STP 17 000 TL peut ainsi subvenir aux besoins de la motopompe (sortie AC de l'onduleur) et est également compatible avec la puissance du générateur PV à son entrée DC. Suivant les caractéristiques électriques d'un module PV de 250 Wc, les nombres maximaux de chaînes photovoltaïques pour les trackers A et B de cet onduleur sont respectivement de 3 et de 1. Pour un nombre total de modules égal à 38, une configuration possible est de disposer d'un string de 20 modules et d'un string de 18 modules pour les trackers A et B respectivement, comme montre la figure 31 qui présente de façon globale le schéma électrique et le câblage de l'installation électrique. Ces nombres de modules en série sont bien compris dans l'intervalle du nombre minimum et du nombre maximum de modules en série dans une chaîne.

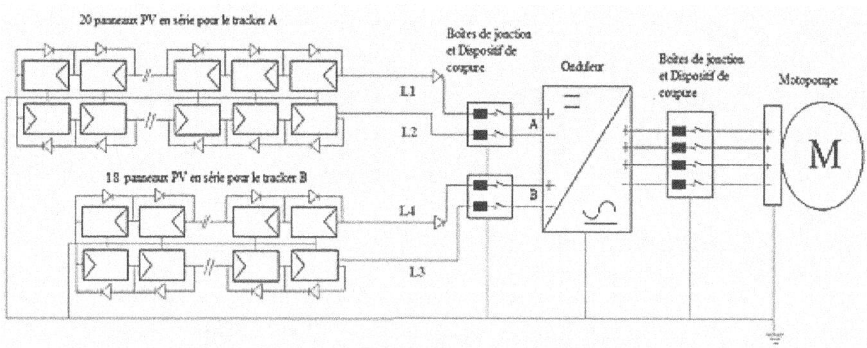

Figure 31 : Schéma électrique du câblage du SPPV

Pour l'entrée DC de l'onduleur, les câbles de section commerciale 1,5 mm² (L_1, L_2, L_3 et L_4 (figure 32) seront utilisés pour la connexion du champ PV à l'onduleur. Pour la sortie AC de l'onduleur, le câble de section commerciale 10 mm² sera utilisé pour la connexion de l'onduleur à la motopompe. La partie électrique du système global de mise en place du système d'irrigation des cultures étant faite, la partie hydraulique viendra donc parachever le système complet.

2.5. Réseau hydraulique

2.5.1. Réservoir de stockage

Le pompage se faisant au fil du soleil, la présence d'un bassin permet de découpler les débits d'heures de pompage du débit des horaires d'irrigation, ce qui est favorable pour l'exploitant et les cultures (RADHORT, 2012). Pour des raisons de coût de mise en œuvre, le réservoir métallique est préféré à celui en béton (Mahamat, 2012). Les dimensions du réservoir de stockage ou de mise en charge sont les suivantes : hauteur = 7,5 m (dans le sens de l'horizontal), diamètre = 5 m. Ainsi, son volume est à 100 % du volume moyen journalier de l'eau pompée. Le réservoir sera construit sur des supports en acier d'une hauteur de cinq mètres par rapport au sol, afin de permettre l'écoulement de l'eau au niveau des goutteurs.

2.5.2. Goutteurs, durée journalière d'irrigation et tuyauteries

Un goutteur est la partie la plus importante d'un système goutte à goutte parce qu'il livre l'eau au débit désiré à une plante et maintient l'uniformité d'application d'eau sur la région irriguée entière (IDE, s.d.). Chaque ligne de tomate (ou d'aubergine) est irriguée à partir d'une rampe[18] d'une longueur de 62,5 m portant des goutteurs espacés de 0,25 m et ayant un débit de 1,5 l/h à une pression d'un bar (Hassan, 2005). Le nombre de goutteurs par rampe est $N_g = L_r/D_g$ avec L_r la longueur de la rampe et D_g l'espace entre deux goutteurs. L'espacement entre deux rampes dans une parcelle est de 1,5 m ; et le nombre de rampes par parcelle est $N_r = L_{parcel}/D_g$ avec L_{parcel} la longueur de la parcelle et D_r l'espace entre deux rampes.

Ainsi, pour chaque parcelle, il y'a environ 53 x 250 = 13 250 goutteurs. Les nombres totaux de goutteurs et de rampes pour les 2 ha sont respectivement de 53 000 goutteurs et de 212 rampes. Les besoins journaliers bruts en eau pour la culture de l'aubergine sont d'environ 6,81 mm/jour/ha (68,1 m^3/jour/ha). La durée d'irrigation journalière de la surface occupée par cette culture est de :

$$T_{irr,\,Aubergine} = 68,1/\left((13250\times2\times1,5)/1000\right) = 1,713 \quad \Rightarrow$$
$$T_{irr,\,Aubergine} \approx 1\,h\;43\text{ min / jour}$$

Les besoins journaliers bruts en eau pour la culture de la tomate sont d'environ 7,44 mm/jour/ha (74,4 m^3/jour/ha). La durée d'irrigation journalière de la surface occupée par cette culture est de :

$$T_{irr,\,\text{Tomate}} = 74,4/\left((13250\times2\times1,5)/1000\right) = 1,872 \quad \Rightarrow$$
$$T_{irr,\,\text{Tomate}} \approx 1\,h\;52\text{ min / jour}$$

Pour la tuyauterie, le choix de la conduite principale implique de déterminer son diamètre et son épaisseur. Il dépend du flux d'écoulement, de la pression d'exploitation et de la topographie (IDE, s.d.). Pour la canalisation qui va de la pompe au réservoir (canalisation principale ou conduite principale), un tuyau de 2"1/2 (65 mm) de grandeur est nécessaire dans ce travail. Dans la plupart des systèmes goutte à goutte, les conduites latérales LLDPE de 12 mm à 16 mm de grandeur sont utilisées. Pour les conduites secondaires, les tuyaux LLDPE de 16 mm, 32 mm et 48 mm de grandeur peuvent être utilisés (IDE, s.d.). La tuyauterie utilisée dans le réseau d'irrigation des parcelles est présentée dans le tableau 44 et la disposition des rampes dans le champ à irriguer est présentée par la figure 32.

---

[18] Les rampes placées le long des lignes des cultures sur lesquelles les émetteurs sont raccordés pour fournir de l'eau aux plantes directement, sont appelées conduites latérales.

Tableau 44 : Caractéristiques physiques des conduites utilisées dans le réseau d'irrigation:

Types de conduites	Diamètre (mm)	Pression (bar)	Débit (l/h)
Latérale (rampe)	16	1	375
Secondaire	32	1,2	19 875
Principale	48	2,2	79 500

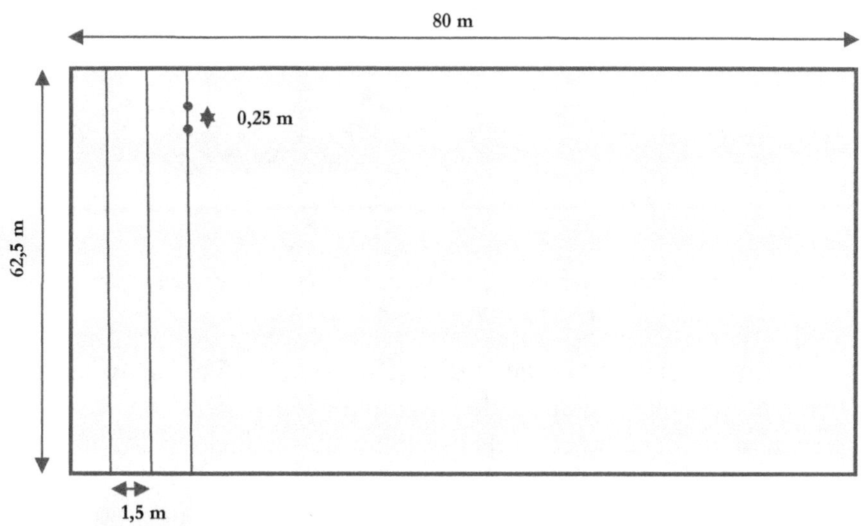

Figure 32 : Disposition des rampes (conduites latérales) et des goutteurs sur une parcelle.

Les débits déterminés dans le tableau 44 découlent du débit du goutteur, du nombre de goutteurs par rampe, du nombre de rampes par parcelle et du nombre de parcelles. Pour nos calculs, nous avons supposé que la distribution de l'eau au niveau des parcelles s'effectue à débit constant et pression constante. La figure 33 donne de façon générale la disposition de la tuyauterie par rapport aux parcelles.

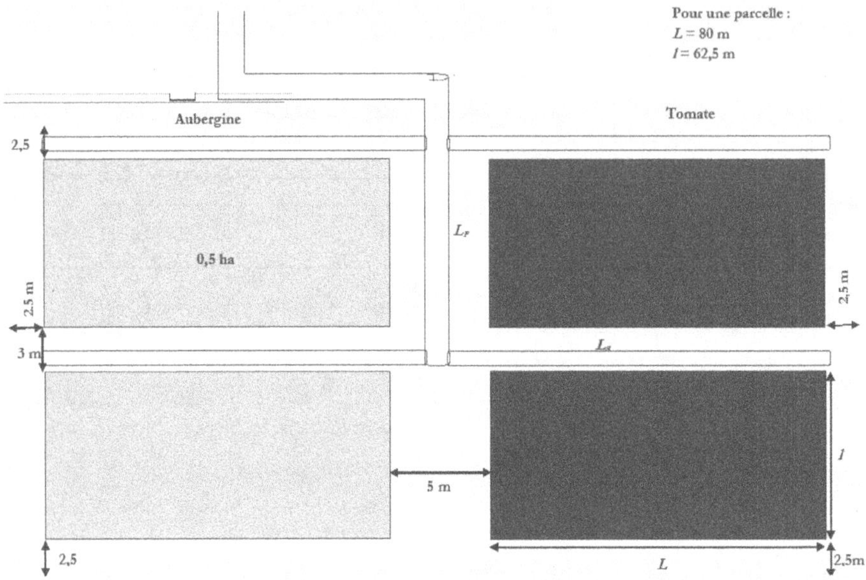

Figure 33 : Schéma synoptique simplifié de la disposition des canalisations du réseau d'irrigation sur les parcelles.

Au final, pour un forage d'une HMT de 79,15 m, les principaux éléments devant satisfaire la demande journalière en eau pour l'irrigation de l'aubergine et de la tomate dans la localité de Mbé sont : un générateur solaire PV d'une puissance crête totale d'environ 9,5 kWp ; un onduleur triphasé SMA STP 17 000 TL, une motopompe immergée SP 30-9 d'un débit nominal de 25 min 3 s/h et d'une puissance de 9,2 kW.

2.5.3. Pompage classique : puissance du groupe électrogène

Dans le cas de ce pompage, le groupe électrogène (GE) est choisi sur la base des caractéristiques de la motopompe (tableau 45). La puissance nominale de la charge à alimenter est de 9,2 Kw. En tenant compte du coefficient de démarrage d'une pompe immergée, qui est de 3 (Worms entreprises, 2012), la puissance de pointe est de 27,6 kW et la puissance apparente est de 44,52 kVA. Le groupe électrogène est donc un triphasé d'au moins 45 kVA. Le temps nécessaire du pompage par le groupe électrogène est d'environ 1,79 h/jour, temps obtenu par la formule de Louazene (2008).

2.6. Étude comparative par analyse économique

L'utilisation des systèmes d'énergie photovoltaïque dans des sites isolés suppose une analyse préalable des conditions d'installation tant au point de vue technique que vis-à-vis de l'environnement (Bouzidi & Malek, 2003). Dans cette section, les aspects économiques et environnementaux du système de pompage solaire PV sont présentés afin de déterminer la faisabilité du système par rapport à l'utilisation des techniques conventionnelles telles que le SPGE.

2.6.1. Paramètres d'analyse

Les paramètres utilisés pour l'analyse et la comparaison sont la valeur actuelle nette (VAN) (équation 7.9), qui donne une première orientation sur la rentabilité de l'investissement (Lary, 2012) et le taux de rentabilité interne (TRI) qui annule la VAN (équation 7.10), c'est-à-dire le taux d'actualisation (d) qui égalise le coût d'investissement et les recettes d'exploitation. Ce paramètre est déterminé dans ce travail par itérations successives (essais successifs).

$$VAN = -I_0 + \sum_{k=1}^{n} \frac{CF_k}{(1+d)^k} \qquad (7.9)$$

$$\sum_{k=1}^{n} \frac{CF_k}{(1+TRI)^k} = I_0 \qquad (7.10)$$

I_0 est l'investissement initial, n la durée de vie du projet, CF_k le cash-flow de l'année k et d le taux d'actualisation. Si $d < TRI$, le bénéfice est positif, ce qui donne un investissement rentable. Par contre, si $d > TRI$, le bénéfice est négatif, ce qui donne un investissement non rentable (Bouzidi & Malek, 2003).

2.6.2. Hypothèses de calculs économiques

Pour les besoins de calcul et d'analyse, les hypothèses suivantes sont considérées :

(i) le taux d'actualisation utilisé pour convertir les coûts et avantages futurs en valeurs actuelles est fixé à 10 % et l'investissement est par fonds propres ;

(ii) le cash-flow (CF), représentant un flux annuel de trésorerie regroupant à la fois les recettes et les dépenses annuelles liées à l'exploitation d'une installation photovoltaïque (PERACOD, 2006), est supposé constant sur les n années ;

(iii) la baisse du rendement de production des cultures au fil du temps n'est pas prise en compte.

2.6.3. Rentabilité économique des systèmes de pompage

a) Investissement initial

L'investissement initial (équation 7.11) permet à l'utilisateur de savoir quel est le prix qu'il va débiter lors de l'installation de son système. Cet investissement comprend l'achat des composantes du sous-système PV (panneaux, onduleur, motopompe [MP], accessoires, etc.) ou du sous-système groupe-électrogène, des composantes de la partie hydraulique (forage, réservoir, accessoires, etc.), les travaux de génie civil, l'ingénierie et la planification, la culture (champ, plantes, etc.), le transport, etc.

$$I_0 = C_{PV \text{ ou } GE} + C_{Acc,PV \text{ ou } GE} + C_{MP} + C_{Acc,MP} + C_{\text{ing\&planif}} + C_{GC} + C_{Réseau\ hydro} + C_{culture+champ} + C_{transport+douane} + TVA \quad (7.11)$$

Pour le SPPV, les accessoires PV, comprenant les câbles, les appareils de protection et les boîtes de jonction, correspondent à 5 % du sous-système PV (Ould-Amrouche, Rekioua, & Hamidat, 2010). Les accessoires de la motopompe (vanne, manomètre, clapet antiretour, raccords, crépine et filtre) sont estimés à 6 % du prix de la motopompe. La TVA est de 19,25 % au Cameroun (Direction générale des impôts, 2014). Elle inclut le matériel provenant de l'extérieur, les frais de transport et de la douane.

b) Dépenses d'exploitation

Prises annuellement, ces dépenses incluent le coût de maintenance (O&M) qui est estimé à 1 % de l'investissement initial (Zaida, 2006), le coût des engrais (fientes et 20-10-10) et des pesticides, le renouvellement des plantes grâce à de nouvelles semences, la main-d'œuvre (six ouvriers pour l'entretien du champ et du système d'irrigation à raison de 75 000 FCFA/mois/ouvrier), le gardiennage de l'installation (50 000 FCFA/mois). Pour les engrais, il faudra à peu près 100 sacs de fientes (à raison de 2 500 FCFA/sac) et quatre sacs de 20-

10-10 (à raison de 25 000 FCFA/sac) (La voix du Paysan, 2009) pour la culture de la tomate et de l'aubergine. Quant à la culture de l'oignon, il faudra huit sacs de 20-10-10. Les produits des récoltes seront transportés pour être vendus sur le marché de Ngaoundéré. Pour le système utilisant un groupe électrogène, le tableau 45 résume de façon globale les dépenses annuellement effectuées pour ces deux systèmes. Le coût de l'ingénierie du GE est de 4 % des coûts totaux d'investissement en équipements. L'installation du groupe électrogène est fonction directe de sa taille : il est de 8 % du coût de l'équipement (Zaida, 2006). Il ressort également de ce tableau que contrairement au SPPV, l'entretien du SPGE coûte plus cher et les coûts des combustibles viennent largement augmenter les dépenses annuelles. Les imprévus liés au projet sont estimés à 10 % des dépenses annuelles totales.

Tableau 45 : Récapitulatif des dépenses annuelles : SPPV et SPGE

	Système	**Coût (FCFA/an)**	**Système**	**Coût (FCFA/an)**
O&M	SPPV	672 227	SPGE	2 139 104
Combustible		//		1 296 648
Engrais		550 000		550 000
Pesticides		300 000		300 000
Renouvellement des plantes		100 000		100 000
Main-d'œuvre		5 400 000		5 400 000
Gardiennage		600 000		600 000
Transport pour livraison		500 000		500 000
Total + 10 % d'imprévus		8 934 505		11 974 327

c) Revenus du projet de pompage-irrigation

Pour de meilleures recettes, les cultures d'espèces ayant de meilleurs rendements à l'hectare lors de la récolte seront prises pour les campagnes agricoles. Ainsi, la productivité moyenne est d'environ 25 tonnes/ha pour l'oignon et la tomate et 30 tonnes/ha pour l'aubergine à chaque campagne agricole. Selon une étude réalisée par la Direction des Enquêtes et des Statistiques agricoles en 2011 (MINADER, 2012), un kilogramme d'oignons et un kilogramme de tomates coûteraient en moyenne respectivement 574 FCFA et 324 FCFA au détail sur le marché de Ngaoundéré. Pour ce travail, ces prix sont ramenés à 350 FCFA et 250 FCFA pour les prix de gros. Pour l'aubergine, selon une étude réalisée par l'Association de Promotion humaine dans la vallée du Logone en 2004, l'évolution du prix de l'aubergine est analogue à celle de la tomate, à la différence que le prix de la tomate est généralement plus élevé que celui de l'aubergine. Cette similitude peut s'expliquer par le fait que les deux cultures sont produites sur les mêmes périodes (Association de Promotion humaine dans la vallée du Logone, 2004)[19]. Donc pour cette étude, un kilogramme d'aubergines est estimé à 125 FCFA pour le prix de gros. Le tableau 46 donne le récapitulatif des recettes dans ce travail, quel que soit le système de pompage utilisé.

Tableau 46 : Récapitulatif des recettes

Produits	**Superficie (ha)**	**Rendement (kg/ha)**	**Prix du kg (FCFA)**	**Prix total (FCFA)**
Aubergine	1	30 000	125	3 750 000
Tomate	1	25 000	250	6 250 000
Oignon	2	25 000	350	17 500 000

Ainsi, les recettes de l'exploitation agricole sont estimées à 27 500 000 FCFA sur deux saisons de culture : saison sèche pour la tomate et l'aubergine et saison pluvieuse pour l'oignon.

d) Comparaison des paramètres de rentabilité

La figure 34 donne une analyse comparative directe entre les différentes sources d'énergie utilisées pour pomper l'eau nécessaire à l'irrigation des cultures. L'investissement initial dans le cadre de ce travail est presque similaire pour les deux systèmes. La dépense annuelle liée à l'exploitation est plus importée dans le cas de

[19]https://fr.scribd.com/doc/50866484/etude-de-marche-maraichage-cameroun.

l'utilisation du GE, ceci étant dû à la maintenance élevée et aux combustibles utilisés dans ce système.

L'installation d'un système de pompage pour l'irrigation goutte à goutte dans la localité de Mbé est un bon investissement vu que les critères de rentabilité sont vérifiés pour les deux systèmes (TRI > 10 %). Cependant, au vu de ces critères, le projet d'irrigation des cultures par SPPV est meilleur que le SPGE.

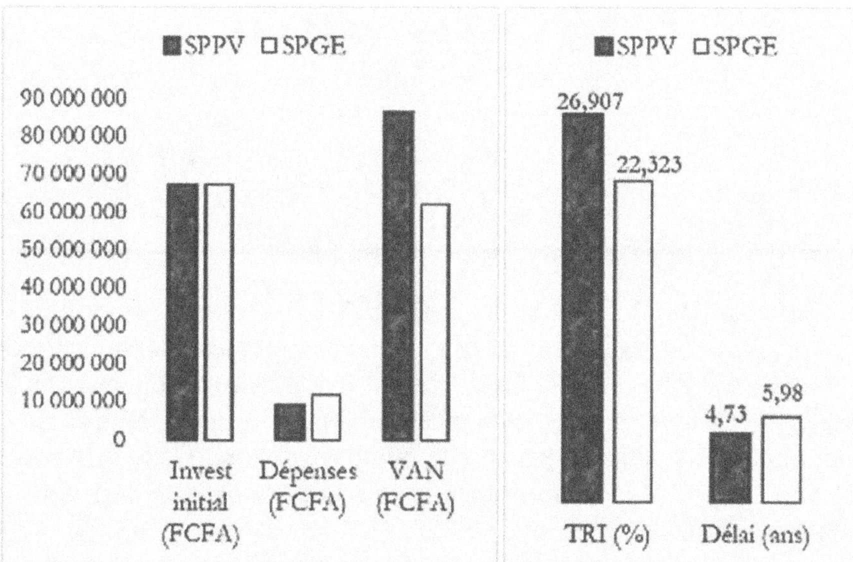

Figure 34 : Comparaison des critères de rentabilité des systèmes SPPV et SPGE.

Sur la durée de vie (20 ans) du système PV, le délai de récupération de l'investissement initial est plus court pour le SPPV que pour celui du SPGE ; et son TRI est meilleur (26,907 % contre 22,323 % pour le SPGE). La figure 35 présente l'évolution des flux monétaires des deux systèmes au cours du temps. Pour le SPPV, la durée de l'amortissement de l'investissement se situe entre les quatrième et cinquième années. Par contre, celle de SPGE se situe entre les cinquième et sixième années avec un surplus d'environ un an +3 mois par rapport au SPPV.

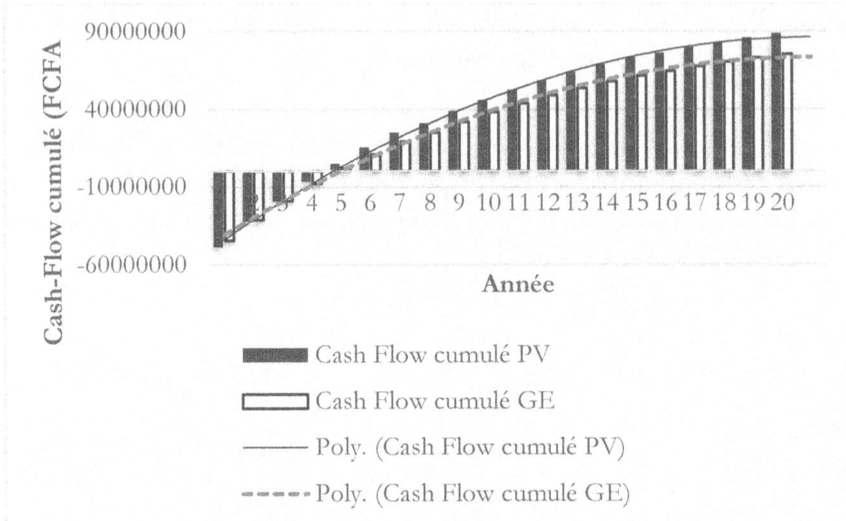

Figure 35 : Évolution des cash-flows cumulés des deux systèmes au cours du temps.

Enfin, sur la durée de vie du système, les flux monétaires du SPPV sont plus intéressants que pour le système de pompage classique. Pour les cinq premières années, les dépenses sont plus importantes dans le système classique et pour les années suivantes les gains réalisés sont plus importants dans le système de pompage solaire. Cette différence est toujours liée à la maintenance élevée et aux combustibles utilisés dans le système classique.

2.6.4. Coût de revient du mètre cube d'eau

Le calcul du coût d'une pompe doit inclure tous les coûts qui permettront d'assurer sa viabilité sur une certaine période ramenée à une valeur actualisée. Ceci permet de comparer les coûts sur une base commune avec d'autres options et de trouver ainsi le choix le plus économique. Le principe de base de cette analyse économique consiste à établir les coûts suivants en valeur actualisée sur la durée de vie du système (Jimmy, Thomas, Éric, & Bocar, 1998) :

(i) coût d'investissement initial de l'installation (équipement et matériels solaires, accessoires motopompe, GE, ingénierie et planification, travaux de génie civil, clôture, réseau d'irrigation, flotteur, transport et douane, TVA) ;

(ii) coûts annuels d'exploitation et de maintenance (entretien, maintenance et gardiennage) ;

(iii) coûts de remplacement des équipements (onduleur, motopompe, GE).

Pour les frais ponctuels, on procède à une actualisation simple de la valeur présente de la composante pour l'année (k) de la dépense en utilisant le coefficient d'actualisation simple (C.A.S) donné par l'équation 7.12 (a). Pour les frais annuels, on procède à une actualisation uniforme de cette valeur annuelle pour la durée de vie (n) du système en utilisant le coefficient d'actualisation uniforme (C.A.U) (équation 7.12 (b)) (Jimmy et al., 1998 ; Bouzidi & Malek, 2003). Le calcul du prix global actualisé du mètre cube (m^3) d'eau pompée est donné par l'équation 7.13.

$$C.A.S = \frac{1}{(1+d)^k} \quad (a) \text{ et } \qquad C.A.U = \frac{1-(1+d)^{-n}}{d} \quad (b) \qquad (7.12)$$

$$Prix_{m^3} = \frac{\sum Valeur_{actualisée}}{(\text{Volume d'eau annuel}) \times (\text{durée de vie du système})} \qquad (7.13)$$

La figure 36 montre que le mètre cube d'eau pompée pour les deux systèmes utilisés dans ce travail est au-dessus de celui fourni par la Camerounaise des Eaux (CDE). La différence de coût entre le système de pompage classique et la CDE est pratiquement le double de la différence entre le système de pompage solaire et la CDE. Pour les systèmes SPPV et SPGE, la différence est de 68 FCFA. Cette différence peut être attribuée au coût de maintenance élevé et au coût des combustibles du système de pompage au groupe électrogène. De plus, les combustibles utilisés ont un impact sur l'environnement par émission de gaz à effet de serre (GES), principalement le CO_2.

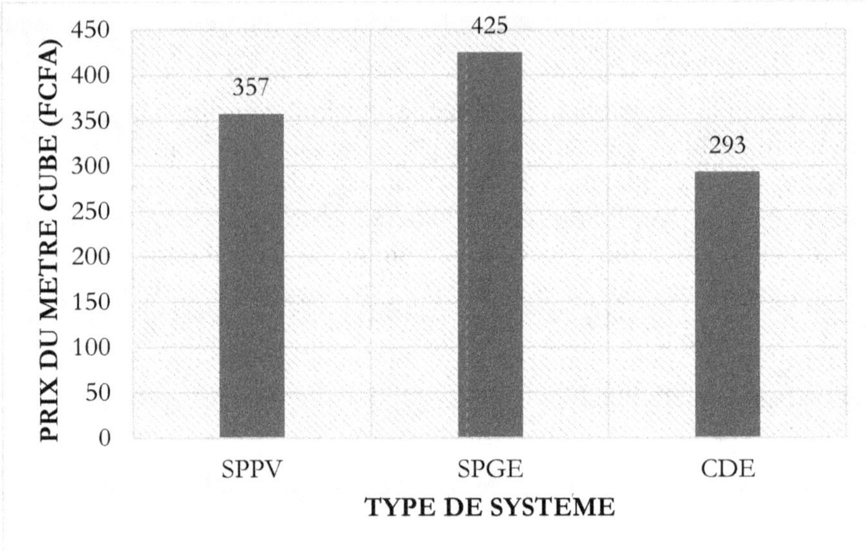

Figure 36 : Comparaison des prix du m3 d'eau pompée pour les différents systèmes.

2.6.5. Évaluation environnementale

Les émissions journalières de CO_2 se calculent dans les systèmes qui utilisent des groupes électrogènes. Le volume des émissions dépend de la quantité de combustibles consommée par le groupe qui en même temps change pendant la journée selon le niveau de charge chaque heure (Zaida, 2006). Pour quantifier les émissions de CO_2 (équation 7.14) résultant de l'utilisation du groupe électrogène, on peut effectuer le calcul de la consommation électrique annuelle des pompes, puis l'application du facteur d'émission équivalent à 1,4 kg de CO_2 par kWh de consommation électrique (Bouzidi & Haddadi, 2007).

$$Q_{CO_2} = E_a \times m \times Q_0 \qquad (7.14)$$

Ici, E_a est l'énergie produite par le système sur une année (en kWh), Q_0 le facteur d'émission du CO_2 (en kg/kWh) et *m* la durée d'observation écologique.

Le tableau 47 donne la quantité d'équivalents de carbone pouvant être évitée par l'utilisation du système photovoltaïque pour le pompage de l'eau si le système est mis en place ; soit des émissions annuelles évitées égales à 13 532,4 kg de CO_2. Ceci contribue à la réduction de la part des émissions de GES dans le secteur agricole camerounais. Les systèmes de pompage à énergie renouvelable peuvent ainsi être des choix nécessaires dans le processus du respect de l'accord de Paris signé lors de la COP 21.

Tableau 47 : Calcul des émissions de CO2 causées par le groupe électrogène

P_{GE}	Durée de pompage/j	Durée de pompage/An.	Conso. électrique/An.	Émissions annuelles d'équivalent CO_2	Émissions d'équivalent CO_2 (20 ans)
45 kVA	1,79 h	214,8 h	9 666 kWh	13 532,4 kg	270 648 kg

Conclusion

L'analyse du contexte agricole dans les régions septentrionales du Cameroun montre un intérêt particulier dans la mesure où le déficit hydrique global qui existe sur la quasi-totalité de la région entraîne un déficit sur le plan alimentaire. Et pourtant dans ces régions, l'ensoleillement moyen est de 5,74 kWh/m^2/jour ; et il y a une nette adéquation entre la demande maximale en eau et la disponibilité optimale de la ressource solaire. De cette observation, « comment améliorer la productivité agricole des champs dans ces régions, par un système d'irrigation goutte à goutte, au moyen d'un système de pompage photovoltaïque au fil du soleil » ? L'élément de réponse à cette question a été le dimensionnement du système de pompage PV, sur la base du mois le plus défavorable de la saison sèche (novembre dans le cas de la localité de Mbé), afin de garantir la disponibilité de l'énergie et de l'eau. Les besoins en eau pour l'irrigation de l'aubergine et de la tomate cultivées sur deux hectares sont de 12 066 m^3 d'eau pendant la saison sèche. Cela a conduit à un générateur PV de 9,5 kWp pour un ensoleillement moyen journalier de 6,92 kWh/m^2/jour, afin d'extraire l'eau souterraine à une HMT de 79,15 m à l'aide d'une motopompe immergée SP 30-9 (d'une puissance de 9,2 kW) et de la stocker dans un réservoir d'une capacité de 143 m^3. Pour les deux cultures, le moment propice d'irrigation est en soirée, les temps d'irrigation journaliers montrent que l'irrigation de la tomate prend un peu plus de temps que l'aubergine. Dans le cas de l'utilisation des techniques classiques, un groupe électrogène de 45 kVA, utilisé comme source d'énergie devant alimenter la motopompe immergée en remplacement du générateur solaire PV, est nécessaire afin de satisfaire les mêmes besoins en eau des cultures. Une analyse financière du système et une étude comparative des SPPV et SPGE montrent qu'ils sont rentables. Cependant, au vu des critères de rentabilité, le projet d'irrigation des cultures (aubergine et tomate) par pompage PV est meilleur que celui avec la technique classique. Sur la durée de vie de ces systèmes, le SPPV a un plus court délai de récupération de l'investissement initial que le SPGE et un meilleur TRI : 26,907 % contre 22,323 % pour le SPGE. La différence de coût du mètre cube des deux systèmes est attribuée au coût de maintenance élevé et au coût des combustibles du système de pompage au groupe électrogène. De plus, en termes de perspective environnementale, la quantité de carbone pouvant être évitée par l'utilisation du système photovoltaïque est d'environ 270,7 tonnes, l'équivalent de CO_2 sur une durée de vie déterminée (20 ans). Le système pourrait ainsi recevoir des crédits carbones, et cet apport sera un complément pour son financement.

Références bibliographiques

Abdoul A. Y., & Seydou D., (2006), *Solarisation de stations de pompage à Darou Mousty,* Projet de fin d'études, Université Cheikh Anta Diop de Dakar, École supérieure polytechnique, Centre de Thiès, 104 p.

Andreas P. S., & Karen F., (2001), « Le développement de l'irrigation, un processus aux multiples facettes », *in Manuel d'irrigation* (éd. 3e édition, Module 1). Harare, Zimbabwe : FAO – Bureau sous-régional pour l'Afrique orientale et australe, 74 p.

Andreas P. S., & Karen F., (2002), « Besoins en eau des cultures et établissement de programmes d'arrosage », *in Manuel d'irrigation* (éd. 3e édition, Module 4). Harare, Zimbabwe, FAO-Bureau sous-régional pour l'Afrique orientale et australe, 140 p.

Association de Promotion humaine dans la vallée du Logone, (2004), *Étude du marché des produits maraichers du département du Mayo-Danay, Cameroun.* Yagoua, 40 p.

Ayesha S. M., Muhammad A., Allah B., Aamir S., Lubna A., Abdul H., Farkhanda S., (2015), Design, installation and evaluation of solar drip irrigation system at mini dam command area. *Pak. J. Agri. Sci., 52*(2) : 481-488.

Bouzidi B., & Haddadi M., (2007), *Implication financière des GES pour le développement des systèmes photovoltaïques de pompage de l'eau*, Revue des Énergies renouvelables, *10*(4) : 569–578.

Bouzidi B., & Malek A., (2003), *Analyse micro-économique des systèmes énergétiques – Station de Pompage*, Revue des Énergies renouvelables *: ICPWE*, 53-60.

Direction générale des impôts, (2014), *TVA et Droits d'accise*, consulté le 5 avril 2016, sur DGI : http://www.impots.cm.

FAO., (2018), *Databases & Software*, consulté le 5 avril 2016, sur Land & Water : http://www.fao.org/land-water/land-water/fr/, 126 p.

Fondation Énergies pour le Monde, (2005), *Adduction d'eau potable avec pompe photovoltaïque : pratique et recommandations de conception et d'installation.* (S. SOLAIRES, Éd.) Paris, France, 52 p.

GUIDEnR PV., (2011), *Installations photovoltaïques raccordées au réseau*, consulté le 20 mars 2016, sur GUIDEnR PHOTOVOLTAÏQUE, l'information photovoltaïque, 23 p.

Hadj Arab A., Benghanem M., & Gharbi A., (2005), *Dimensionnement de systèmes de pompage photovoltaïque*, Revue des Énergies renouvelables, *8*(2005), 19 - 26.

Hassan E., (2005), *Transfert de technologie en agriculture. La Conduite et le Pilotage de L'Irrigation goutte à goutte en Maraîchage (N° 124/janvier 2005)*, 1-6. Rabat, Maroc : Institut agronomique et vétérinaire Hassan II.

Jean-Loup R., & Julien M., (2007), *De l'énergie pour l'eau dans le Bassin méditerranéen*, Conférence Hydrotop, juin, 1-24.

Jeff K., & Gillett B., (1985), *Solar water pumping : A Handbook.* Southampton, United Kingdom : Intermediate Technology Publications, Ltd, 136 p.

Jimmy R., Thomas D., Eric S., & Bocar S. S., (1998), *Pompage Photovoltaique : Manuel de cours à l'intention des ingénieurs et des techniciens*, Québec, Canada : Institut de l'énergie des pays ayant en commun l'usage du français, 281 p.

Ky T. S., (2007), *Système photovoltaïque : Dimensionnement pour pompage d'eau, pour une irrigation goutte-à-goutte,* Mémoire de

DEA, Université de Ouagadougou, Laboratoire des Matériaux et Environnement (LaME), Burkina Faso, 38 p.

La voix du paysan, (2009), La culture de la tomate et de l'aubergine, [en ligne] sur www.lavoixdupaysan.net, consulté le 12 avril 2016.

Lary L., (2012), *Étude pour la mise en place du système de pompage solaire d'un champ de neuf hectares pour une irrigation goutte à goutte à Seheba au Tchad,* Mémoire de Master, 2ie, Génie électrique, énergétique et énergies renouvelables, Ouagadougou, 62 p.

Louazene M. L., (2008), *Étude technico-économique d'un système de pompage photovoltaïque sur le site de Ouargla,* Mémoire de Magister, Université El Hadj Lakhdar – Batna, Faculté des Sciences de l'Ingénieur, Département d'Électrotechnique, Batna, 101 p.

Louazene M. L., Korichi D., & Azoui B., (2013), *Dimensionnement d'un Système de Pompage photovoltaïque : Application sur le Site de Ouargla,* The international conference on electronics&oil : from theory to applications ; March 05-06, 2013, Ouargla, Algeria, 5 p.

Mahamat A., (2012), *Élaboration d'un modèle d'étude technique de système simplifié d'AEP pour l'équipement des centres ruraux de la région de Mandoul (Tchad), exemple d'application pour le centre de BARA II,* Institut international d'Ingénierie de l'Eau et de l'Environnement, Ouagadougou : 2ie, 74 p.

Mahjoubi A., Mechlouch R. F., & Ben B. A., (2009), *Dimensionnement d'une installation solaire de pompage d'eau pour l'irrigation goutte à goutte au climat de Médenine, Tunisie,* Revue des Régions arides (Numéro spécial – 24 (2/2010)), 1037-1044.

Mekerbeche H., Azoui B., & Chabane M., (2013), *Étude d'une puissance solaire photovoltaïque de 100 kWc pour application dans une zone semi-aride,* The international conference on electronics & oil : from theory to applications, Ouargla, 5 p.

MINADER, (2012), *Publication semestrielle des prix des produits et intrants agricoles,* MINADER, Direction des enquêtes et des statistiques agricoles, Yaoundé, 58 p.

MINEPAT, (2015), *Rapport sur le développement économique de la région de l'Adamaoua,* Exercice 2013, 216 p.

Mohamed Lakhdar L., (2015), *Contribution à l'optimisation des systèmes photovoltaïques utilisés pour l'irrigation dans les zones sahariennes – Application zone de Ouargla,* Thèse de Doctorat en Sciences, Université El Hadj Lakhdar – Batna, Faculté de Technologie, Département d'Électrotechnique, Algérie, 128 p.

Neway A., (2004), *Renewable Energy Water Pumping Systems Handbook ; Period of Performance: April 1-September 1, 2001.* Denver, Colorado, USA : National Renewable Energy Laboratory (NREL), 128 p.

Noumon T. C., (2008), *Irrigation Schemes Using Solar Energy: A Case Study in Togblo, District of Athieme – Province of Mono – Benin,* Master of Science, University of Karlsruhe / Karlsruhe Institute of Technology (KIT), Resources Engineering Master Programme, Karlsruhe, Germany, 171 p.

Ould-Amrouche S., Rekioua D., & HamidatA., (2010), *Modelling photovoltaic water pumping systems and evaluation of their CO2 emissions mitigation potential,* Applied Energy, *87* : 3451–3459. doi:10.1016/j.apenergy.2010.05.021.

PERACOD., (2006), *Étude de faisabilité technico-économique de la filière photovoltaïque raccordée réseau au Sénégal,* Étude de faisabilité technico-économique, Ministère de l'Énergie et des Mines, Direction de l'Énergie, Sénégal, 115 p.

Phocaides A., (2008), *Manuel des techniques d'irrigation sous pression,* 2e édition, Rome, Italie : FAO, 308 p.

Pie B., (2015), *Design, optimization and economic analysis of photovoltaic water pumping technologies, case Rwanda,* Master thesis, Mälardalen University, School of Business, Society and Engineering, SWEDEN, 57 p.

RADHORT, (2012), *Intensification des cultures horticoles par l'application de l'exhaure solaire et de l'irrigation localisée par pompage photovoltaïque,* Guide technique, FAO, Praia (Cap-Vert), 80 p.

RNCan, (2004), « Analyse de projets d'installation photovoltaïque » in *R. International, analyse de projets d'énergies propres : manuel d'ingénierie et d'études de cas retscreen*, Canada, RETScreen International, 52 p.

Shankara N., Joep V., L., Marja d. G., Martin H., & Barbara v. D., (2005), *La culture de la tomate : production, transformation et commercialisation*, 5e édition, (Barbara v. D., Éd., & Florijn A., Trad.) Wageningen, Pays-Bas, Fondation Agromisa et CTA, 105 p.

SIE-Cam, (2012), *Situation énergétique du Cameroun (Rapport 2011)*, Yaoundé : MINEE, Cameroun, 174 p.

World Bank, (2014), *Basic agricultural public expenditure diagnostic review (Final report)*, Yaoundé, World Bank, 131 p.

Worms entreprises, (2012), *Catalogue général*, France, 100 p.

Wynn R. W., (2003), *Surface Irrigation Simulation, Evaluation and Design : Course Guide and Technical Documentation.* SIRMOD III Manual, Utah State University, Biological and Irrigation department, 145 p.

Zaida C., (2006), *Modèle d'électrification rurale pour localités de moins de 500 habitants au Sénégal*, Dakar, Sénégal : PERACOD, 98 p.

Chapitre VII

Quelques pistes de solutions pour une transition réussie du Cameroun vers les énergies renouvelables

Esoh ELAMÉ

DICEA, Université de Padoue/Italie,
Directeur du LaME/ENSTP - Yaoundé Cameroun

Introduction

Faire du Cameroun un pays émergent à l'horizon 2035[20], suppose faire du Cameroun un pays à la croissance forte et durable, un pays à la sécurité alimentaire renforcée qui aspire au bonheur de tous et de chacun. Dans la réalité, les défis du Cameroun sont immenses pour

---

[20]D'après « Cameroun, vision 2035 (2009) », la Vision du Cameroun à l'horizon 2035, est la suivante : **« Le Cameroun : un pays émergent, démocratique et uni dans la diversité »**.. Elle s'appuie sur les résultats des études rétrospectives, le recensement des besoins et aspirations des populations et les ambitions des politiques. En particulier, elle systématise les aspirations et visions exprimées par les différents acteurs et se résume comme suit :

- *une nation unie, solidaire et jouissant d'un environnement de paix et de sécurité ;*
- *une démocratie réelle, forte et juste ;*
- *une administration décentralisée et au service du développement ;*
- *une économie prospère et dotée d'infrastructures performantes ;*
- *une économie basée sur l'intégration sous-régionale et régionale ainsi que sur l'insertion internationale ;*
- *une démographie à croissance maîtrisée ;*
- *Une Nation favorisant l'égal accès des femmes et des hommes aux mandats électoraux et fonctions électives autant que leur égalité professionnelle ;*
- *une femme au rôle social renforcé et économiquement autonome ;*
- *une famille stable et harmonieuse ;*
- *un accès de tous aux services sociaux de base de qualité ;*
- *une justice indépendante et accessible à tous ;*
- *un niveau de pauvreté, d'analphabétisme et d'exclusion sociale résiduel ;*
- *une culture camerounaise affirmée dans son unité plurielle, attrayante et exportable au plan international ;*
- *un niveau de chômage et de sous-emplois résiduel ;*
- *une jeunesse bien formée exaltant le mérite et l'expertise nationale ;*
- *une allocation équitable de ressources entre villes et campagnes et entre les régions du pays.*

créer des richesses, les redistribuer de manière équitable, offrir des opportunités égales d'épanouissement à tous ses citoyens.

D'ici 30 ans, la population du Cameroun passera de 24 à 48 millions d'habitants. À la fin du siècle, le Cameroun n'aura pas moins de 98 millions d'habitants. Les problèmes énergétiques du pays ne cessent d'augmenter. Les causes sont multiples. Un large panorama des grands enjeux du secteur existe avec un état des lieux précis de la situation énergétique du pays aussi bien par secteur d'activité que par région. Les possibles scénarios d'évolution ont aussi été mis en place. Mais la réalité énergétique du pays n'est guère reluisante. La fracture énergétique du Cameroun ne cesse d'augmenter face à ses défis majeurs de développement. Le pays dans son ensemble n'a pas accès à l'énergie et par conséquent, consomme très peu d'électricité par rapport à ses besoins réels de développement. Ensuite, le fort déficit énergétique du pays occulte la réalité faite de fortes disparités régionales en matière énergétique. Comment sortir du contraste énergétique saisissant qui caractérise ce pays, en ce qui concerne surtout l'éclairage électrique ?

Faire du Cameroun un pays émergent en 2035 requiert d'amorcer rapidement une importante transition énergétique en tant que facteur fondamental et préalable à toute croissance pour construire un pays équilibré et orienté vers l'avenir. Cette transition énergétique est indispensable pour que l'ensemble de la population camerounaise aujourd'hui 24 millions et 48 millions en 2050 sorte de la pauvreté énergétique. En effet, l'énergie étant le préalable à tout développement, elle est aussi la ressource indispensable à la vie humaine. Garantir son accès à tous les Camerounais n'est donc pas une utopie, encore moins un rêve qui ne peut se réaliser. L'accès de tous les Camerounais à l'énergie dans le respect de l'environnement est un mirage pour un "Green new deal" de relance de l'économie urbaine.

Faire du Cameroun un pays émergent à l'horizon 2035, ne peut se faire sans intégrer dès maintenant la décarbonisation de son économie. Il est possible de penser dès maintenant à abaisser les émissions de CO2 dans le domaine du logement. Il faut pour cela transformer les villes par un urbanisme durable, modifier radicalement les modes de production des logements, des quartiers. Le basculement du Cameroun des productions énergétiques fossiles vers les énergies renouvelables (hydraulique, photovoltaïque et éolien) produira de la richesse tout en décarbonant les villes.

Dix solutions sont proposées ici pour favoriser la transition du Cameroun vers les énergies renouvelables. La transition dont il est question ici désigne l'évolution des habitudes de consommation énergétique des ménages, services publics et entreprises camerounaises. Il s'agit pour le Gouvernement camerounais de prendre des mesures efficaces pour passer d'une consommation majoritairement basée sur l'exploitation des énergies fossiles (pétrole, gaz naturel, charbon...) à une consommation provenant des cinq grandes familles d'énergies renouvelables. Les solutions proposées tiennent compte de la raréfaction des ressources naturelles pour satisfaire aux besoins énergétiques d'un pays en développement qui a également une croissance démographique soutenue et constante. Elles tiennent aussi compte de l'impact des modes de consommation énergétique actuels des Camerounais sur l'environnement, de la constante hausse du prix de l'énergie, de la précarité énergétique des ménages qui ne cesse d'augmenter avec le boom démographique. Les solutions proposées partent du constat évident que la transition énergétique du Cameroun n'est plus une alternative, une option, mais une obligation pour le bien des générations à venir de ce pays. Il est temps d'opter pour une consommation d'énergie plus raisonnée et efficiente dans la société camerounaise. La transition énergétique doit devenir une bonne pratique de civilisation, un style de vie, un enjeu sociétal et *in fine*, une manière de faire évoluer la gouvernance territoriale vers le mix énergétique. La transition ici proposée exige un fort engagement politique et une totale mobilisation de la société civile, surtout autour de projets coopératifs de production et de distribution des énergies renouvelables.

Solution une : disposer d'une bonne politique publique sur les énergies renouvelables

Si le potentiel du Cameroun en énergies renouvelables est très important, dans la réalité, il n'est pas clairement exprimé dans la politique publique de l'énergie. L'engagement politique de l'État faisant des énergies renouvelables la pierre angulaire du développement du Cameroun n'est pas clairement défini malgré un fort investissement dans l'énergie hydraulique. Nulle part, on ne voit clairement et simplement énoncer une politique publique sur les énergies renouvelables. Pourtant des investissements très importants sur l'énergie hydraulique sont faits. Mais ils ne s'accompagnent pas par une politique axée sur les énergies renouvelables. Les investissements en énergie hydraulique du gouvernement camerounais sont importants et peuvent très bien s'associer à des investissements en énergie solaire et éolienne. Des centrales solaires et hybrides solaire-éolienne pourraient même être intéressantes pour plusieurs villes camerounaises. Le rôle limité donné aux énergies renouvelables dans la politique énergétique camerounaise est alors à corriger. C'est la politique et la stratégie qui en découle qui donnent une mise en perspective, des repères chronologiques et permettent l'identification des ressources financières pour le développement des énergies renouvelables.

Il faut que l'engagement du Gouvernement camerounais en faveur des énergies renouvelables soit clairement défini et puisse se traduire à travers une politique publique ambitieuse, agressive et non moribonde et insipide.

Si le Cameroun souhaite avoir une hausse de la production d'énergie renouvelable sur son territoire, et pourquoi pas, prendre le leadership en Afrique pour les années 2021 à 2025 en matière d'installation des centrales de production d'électricité à partir des énergies renouvelables, il faudra bien que cela soit clairement exprimé dans sa politique publique énergétique. Une chose est sure, ce pays est doté d'un nombre important de villes moyennes ayant un taux de croissance démographique supérieur à 3 % qui peuvent très bien se lancer dans la révolution énergétique verte en disposant des centrales d'énergie solaire ou des centrales hybrides solaire-éolienne. Pour que ce tournant de transition énergétique se concrétise, en plus de sa déclinaison dans une politique publique, il faut prévoir un processus de maturation rapide des projets. Ceci nécessite une équipe dynamique pour éviter une croissance en dents de scie, avec de longues périodes pendant lesquelles aucun projet ne verra le jour.

Donc une bonne politique publique sur les énergies renouvelables est indispensable, mais elle ne suffit pas. Pour que de nombreux potentiels investisseurs n'attendent pas longtemps et finissent par s'intéresser à autres pays, il faut que le Cameroun puisse disposer d'une équipe très pro-active et dynamique pour la maturation rapide de projets d'énergies renouvelables afin d'avoir un flux continu de projets. Cela va alors générer une transition énergétique en cohérence avec l'émergence du pays à l'horizon 2035.

Avec la décentralisation, les initiatives audacieuses d'acteurs aussi bien privés que publics, mais aussi des communautés elles-mêmes qui montrent que le premier choix énergétique du pays concerne les énergies renouvelables.

Cet engagement est pour l'instant complètement absent parce que l'électricité d'origine renouvelable est désavantagée par les lois et réglementations de l'industrie de l'électricité qui privilégient les systèmes « traditionnels » de production à grande échelle à une production à échelle plus petite et plus distribuée. Ainsi, il n'existe pas au Cameroun des règles progressivement mises en place par le législateur qui définissent des obligations en matière d'énergies renouvelables et encouragent la production d'énergies renouvelables et leur large distribution. La réglementation actuellement existante au Cameroun ne propose pas une gamme variée de dispositifs pour encourager le développement d'une capacité en énergie renouvelable. Elle ne permet pas d'exploiter une gamme étendue de techniques qui, combinées à d'autres dispositifs, permettent à ce qu'une politique publique des énergies renouvelables soit atteinte.

Il faut pourtant faire vite, car la consommation d'énergie insuffisante est à la fois cause et conséquence du faible développement économique du pays. La situation économique du Cameroun ne pourra pas s'améliorer pour un long moment sans une mise en place d'un cadre institutionnel légal et structuré, à la fois au niveau national et au niveau des collectivités territoriales décentralisées, nécessaire au développement des infrastructures de base et de l'économie. Sans une politique publique clairement énoncée sur les énergies renouvelables, le Cameroun ne pourra pas bien faire face à ses défis économiques, notamment sur le plan démographique, avec une population très jeune et qui continue d'augmenter. L'existence d'une politique publique en matière énergétique et focalisée sur les énergies renouvelables permet aussi de mettre l'accent sur la production locale des gaz à effet de serre, de mettre de plus en plus l'accent sur l'arrêt du financement des projets qui ont une incidence directe sur le réchauffement climatique.

La politique publique camerounaise des énergies renouvelables devra aussi focaliser son attention sur la rénovation énergétique à mettre en place par le Gouvernement afin d'encourager les propriétaires de bâtiments à entreprendre des rénovations d'amélioration de performance énergétique. Le financement étant l'obstacle principal à ce type de rénovations, la politique publique des énergies renouvelables du Cameroun devra favoriser des mesures incitatives financières sous forme de prêts ou subventions pour encourager la mise en conformité énergétique des bâtiments. Les enjeux de cette opération concernent le recul de la précarité énergétique, la santé publique, la cohésion sociale, l'emploi et la revitalisation, les filières du bâtiment. L'État gagnerait aussi à mobiliser dans sa politique publique des énergies renouvelables diverses institutions telles que tous ses ministères, les banques, les entreprises, et les sociétés de services énergétiques.

Solution deux : mettre en place une loi-cadre sur la transition énergétique du Cameroun pour une économie circulaire

L'engagement du Cameroun pour le développement durable, l'adaptation au changement climatique ne s'improvisent pas, mais se construisent dans un processus démocratique. Jusqu'ici au Cameroun, on constate avec regret que l'action gouvernementale manque de rigueur, de perspicacité, de lisibilité sur les questions énergétiques. Pourtant, les investissements étatiques dans ce domaine sont importants. Il manque surtout dans le contexte camerounais, en plus de la politique générale en matière d'énergies renouvelables, une loi-cadre qui précise avec clarté les orientations que le pays souhaite prendre dans le domaine de la transition énergétique et avec quel modèle économique.

La loi de transition énergétique pour une économie circulaire permettra au Cameroun de contribuer plus efficacement à la lutte contre le dérèglement climatique et de renforcer son indépendance énergétique, tout en garantissant un accès à l'énergie à des coûts compétitifs. Elle devra prévoir des dispositions spéciales qui concernent l'écoconstruction et la rénovation de l'habitat, l'efficacité énergétique, la lutte contre la précarité dans l'habitat, la réduction de la consommation d'énergie, la préservation de la biodiversité, la mobilité durable, le développement de l'agriculture urbaine, le recyclage des déchets, l'éducation au développement durable, le développement de l'économie circulaire. La loi doit aussi concerner les dispositions financières associées à la transition énergétique telles que les crédits d'impôt de transition énergétique ; les écoprêts à taux zéro, les fonds de garantie pour la transition énergétique, les programmes spécifiques mis en place par le Gouvernement pour cofinancer la construction de logements décents à bas impact carbone et pour mieux répondre aux besoins d'accompagnement des PME/PMI en matière de transition énergétique.

Une loi-cadre sur la transition énergétique constitue pour le Cameroun l'un des enjeux majeurs de ce XXIe siècle. Le Cameroun doit impérativement adopter une loi pour la transition énergétique et ceci nécessite un long processus de discussion non seulement législatif, mais également citoyen. En effet, pour construire un projet de loi de ce genre et l'enrichir, il faudra que le Gouvernement camerounais mette en place de nombreuses consultations au sein de la société civile. Ceci n'est pas pour l'instant une pratique consolidée dans l'environnement politique camerounais. Le Gouvernement camerounais n'est pas habitué à mettre en place des processus citoyens. Dans le cas du climat, la mise en place d'un débat national sur le thème de la transition énergétique est fondamentale. Il faut un débat ouvert, inclusif et citoyen qui mobilise l'ensemble des Camerounais. Les données collectées lors du débat citoyen sur la transition énergétique vont servir de base à l'élaboration de la loi. Le processus législatif de maturation de la loi doit aussi être le plus inclusif possible avec d'importantes heures de débat parlementaire, d'amendements déposés et certains adoptés, d'articles rédigés et de mois de procédure.

Solution trois : disposer d'une stratégie nationale sur l'énergie et le climat, une sorte de stratégie nationale de transition énergétique.

La transition énergétique en tant qu'une modification structurelle profonde des modes de production et de consommation de l'énergie est aujourd'hui au centre de la bonne gouvernance des États. En tant qu'un volet important de la transition écologique, sa faisabilité au Cameroun repose sur une forte volonté politique du Gouvernement. Ce dernier doit se fixer un objectif ambitieux en matière énergétique et climatique. Le Gouvernement est appelé à s'engager à atteindre la neutralité carbone. Pour y parvenir, il lui faut prendre des mesures pour réduire ses émissions de gaz à effet de serre.

De par sa situation géographique, le Cameroun dispose d'opportunités naturelles pour avoir une économie construite autour des énergies renouvelables. Mais son modèle de développement actuel est énergivore et carboné. Il faut dès maintenant que ses décideurs changent le socle de son modèle de développement en l'arrimant vers les énergies renouvelables. Cependant, cela n'est envisageable que si le Gouvernement du Cameroun amorce un vrai débat national sur sa transition énergétique. Une telle option exige aussi de repenser l'approche techno-centrée de gouvernance énergétique qui a caractérisé jusqu'ici l'intervention des ministères compétents en la matière, les agences de développement. Elle n'a pas porté de résultats significatifs, sinon la pauvreté énergétique ne serait pas une réalité aussi palpable et déconcertante au Cameroun. Il y a besoin d'adopter plutôt une gouvernance énergétique plus socio-centrée, susceptible de mobiliser de plusieurs manières les acteurs non étatiques et étatiques et de générer une recherche appliquée endogène sur la question, actuellement absente. Pour cela, il est urgent de disposer d'une stratégie climat qui précise dans les détails, les actions à mener pour une transition réussie du Cameroun vers les énergies renouvelables.

La stratégie sur l'énergie et le climat va s'accompagner d'une vision claire, d'un plan d'action bien détaillé qui met en évidence les voies à suivre pour garantir à chaque Camerounais et aux entreprises une énergie propre. Le fait que d'ici 30 ans, le Cameroun comptera le double de sa population actuelle constitue un boom démographique sans précédent dans l'histoire de ce pays et un incroyable défi pour son développement durable. Il faudra beaucoup d'énergie pour nourrir, former, loger, employer et guérir ces nouveaux citoyens camerounais. L'absence d'énergie pour ces citoyens dans un monde qui sera très digitalisé peut constituer un facteur de frustration, de déstabilisation. Il faudra toujours plus d'infrastructures en milieu urbain et rural pour l'accueil de ces nouvelles populations. La stratégie doit permettre à l'État du Cameroun de se poser les bonnes questions et de trouver des solutions idoines pour que l'accès à l'énergie propre soit une réalité dans le Cameroun de 2035.

Il est bon de souligner que la stratégie de l'énergie et du climat du Cameroun est avant tout une programmation pluriannuelle de l'énergie. C'est un outil de pilotage de la politique énergétique du Cameroun dont les axes principaux d'intervention concernent la sécurité d'approvisionnement ; la baisse de la consommation d'énergie, notamment d'origine fossile (pétrole, gaz, charbon) ; la diversification du mix énergétique en mobilisant les énergies renouvelables et en réduisant la part du nucléaire ; le développement équilibré des réseaux ; la préservation du pouvoir d'achat des consommateurs et de la compétitivité des entreprises ; l'évaluation des besoins de compétences professionnelles dans le domaine de l'énergie et des formations adaptées.

La stratégie sur l'énergie et le climat du Cameroun, aligné à l'Accord de Paris[21], vise aussi avec une certaine urgence à décarboner son économie tout en préservant la création de valeur. Concrètement, il est important de prendre des mesures dès maintenant pour décarboner au moins de moitié la production d'énergie au Cameroun, pourquoi pas à l'horizon 2035. Il est bien possible de prendre des mesures afin que l'accès à l'énergie du Cameroun puisse reposer sur les ressources en biomasse (déchets de l'agriculture et des produits bois, bois énergie...), la chaleur issue de l'environnement (géothermie, pompes à chaleur...) et l'électricité décarbonée. Il est aussi urgent pour le Gouvernement de prendre des mesures fortes pour réduire de manière significative les consommations d'énergie dans tous les secteurs, en renforçant substantiellement l'efficacité énergétique et en développant la sobriété. Il est aussi important pour les générations futures que le Cameroun puisse augmenter ses puits de carbone, notamment ceux qui lui permettent de disposer d'un réservoir qui stocke par un mécanisme naturel ou artificiel, le carbone atmosphérique. Les principaux puits de carbone pour le Cameroun sont ses forêts et son appartenance au Golfe de Guinée qui fait partie de l'océan Atlantique. Le Cameroun est alors invité à arrêter la déforestation et à s'orienter plutôt vers une démarche qui va permettre d'accroître la superficie de ses terres boisées. Ses espaces forestiers jouent un rôle central dans la lutte contre le réchauffement climatique. Les forêts camerounaises constituent une arme efficace pour ce pays dans la régulation du cycle du carbone et de la concentration de CO_2 atmosphérique. Il est alors impératif pour le Gouvernement de changer sa politique d'exploitation forestière qui a plutôt conduit à une coupe indiscriminée et abusive de ses forêts. Il est temps d'inscrire les forêts camerounaises au cœur des négociations du

---

[21]En décembre 2015, on a assisté à l'adoption de l'Accord de Paris qui marque un tournant en mettant en place un cadre international et ambitieux de coopération sur le changement climatique. L'Accord de Paris a pour objectif de limiter le réchauffement « bien en deçà de 2 °C, et en poursuivant l'action menée pour le limiter à 1,5 °C », et d'atteindre un équilibre au niveau mondial entre les émissions et les absorptions de gaz à effet de serre dans la deuxième moitié du XXe siècle. L'Accord reconnaît les principes d'équité climatique (responsabilités communes et différenciées). Les pays ayant le plus contribué au changement climatique (par leurs émissions passées et actuelles de gaz à effet de serre) et étant en mesure de le faire (capacité et potentiel à réduire les émissions) doivent prendre une part plus active dans l'action climatique mondiale.

protocole de Kyoto, pour en faire des puits carbone planétaires. Les possibilités offertes par l'initiative de la réduction des émissions de gaz à effet de serre qui entraînent la déforestation et la dégradation forestière (Redd), lesquelles possibilités visent à compenser financièrement la non-déforestation, constituent pour le Gouvernement camerounais une opportunité exceptionnelle. Le Gouvernement du Cameroun pourrait même aussi envisager une séquestration accrue du carbone sous l'effet conjugué du ralentissement de la déforestation de ses forêts et la mise en place d'actions offensives de boisement.

Elle conduit à construire au Cameroun une économie circulaire en faveur de la transition énergétique. Cette stratégie qui sera déclinée par l'ensemble des entités étatiques permettra la réallocation progressive de l'énergie propre dans toutes les actions de développement du Gouvernement camerounais.

Pour réaliser la stratégie camerounaise sur l'énergie et le climat, il y a lieu pour le Gouvernement de suivre la démarche suivante : faire un diagnostic du Cameroun en matière énergétique et climatique ; faire réaliser une étude d'impact économique, social, culturel et environnemental qui démontre les bénéfices de la stratégie dans sa mise en œuvre pour le développement durable du Cameroun par rapport à un scénario tendanciel sans changement de stratégie ; se donner une vision claire en matière énergétique, réaliser un plan d'action ambitieux et cohérent sur l'énergie et le climat qui tient compte des possibilités financières réelles du pays.

Solution quatre : encourager et promouvoir la décentralisation énergétique via les plans climat communaux.

Pour accélérer la transition énergétique du Cameroun, il faut mobiliser l'ensemble de ses collectivités territoriales décentralisées sur les mois et années à venir pour faire de la stratégie nationale pour le climat et l'énergie, une réalité pour la population au niveau local. Les enjeux climatiques sont la pierre angulaire de la solidarité entre les régions, les communes et les villages camerounais. Le Gouvernement camerounais ne peut faire de la transition énergétique une formidable opportunité tant économique, environnementale que sociétale, susceptible d'améliorer le quotidien de toute sa population, sans mobiliser l'ensemble de ses collectivités territoriales décentralisées. Pour mieux amorcer ces changements, il est important que le Cameroun accélère l'application opérationnelle de la décentralisation dans le domaine de l'énergie. Pour cela, il faut :

1 - encourager la mise en place des plans climat dans les 10 régions et 360 communes camerounaises. Toutes les collectivités territoriales décentralisées doivent s'engager pour la neutralité carbone et la mise en place de l'économie circulaire.

La stratégie nationale de transition climatique et énergétique du Cameroun devra proposer un plan d'action qui permet à chaque région et commune camerounaise d'avoir son plan climat/énergie. Il s'agit d'un plan climat de court terme pour accélérer la transition énergétique et climatique de chaque collectivité territoriale décentralisée. La stratégie nationale de transition climatique et énergétique renforce aussi le rôle des collectivités territoriales dans la lutte contre le changement climatique. Ce sont des outils d'animation coconstruits par les décideurs, les services des collectivités territoriales et les acteurs du territoire (collectivités, acteurs socioéconomiques, associations, entreprises, universités, habitants…). Le plan d'action pour le climat d'une CTD est une feuille de route qui fixe les axes stratégiques permettant au territoire de maîtriser sa consommation énergétique, de s'adapter au changement climatique, de réduire ses émissions de gaz à effet de serre et de se diriger vers un développement des énergies renouvelables. Ce plan vise une cohérence entre les actions du territoire en faveur du climat. Il comporte généralement : un état des lieux (bilan carbone, empreinte énergétique, cadastre des émissions de gaz à effet de serre (diffuses, mobiles, chroniques ou ponctuelles, voire accidentelles...) ; un travail de prospective (tendances lourdes, phénomènes émergents) ; des objectifs quantifiés dans le temps, basés au moins sur les objectifs nationaux, un volet atténuation et un volet adaptation ; des indicateurs de suivi et d'évaluation à l'échelle du territoire.

Le changement climatique étant global, avec des effets inégalement répartis, le plan climat d'une région peut intégrer un volet incluant des actions interrégionales et/ou de coopération transfrontalière et décentralisée.

2 – encourager la décentralisation de l'énergie pour une profonde et inclusive transition énergétique, à la fois écologique, sociale et citoyenne. Il faut pour cela encourager une production d'énergie à plus petite échelle qui évite les grosses infrastructures polluantes difficiles à

gérer à travers la mise en place des centrales d'énergie solaire et des centres hybrides (solaire-éolienne). Le changement de modes de production centralisée d'énergie au Cameroun à partir de grosses centrales de production polluantes, chères, détenues et gérées par une entreprise ayant le monopole est à remettre profondément en cause. L'accès à une énergie propre et moins chère pour tous les Camerounais passe aussi par une décentralisation énergétique.

Solution cinq : mettre en place un vaste programme de formation du capital humain camerounais dans l'ensemble des métiers de l'énergie propre

L'avancée du Cameroun vers les énergies renouvelables se trouve considérablement freinée par une absence de compétences. Les formations universitaires dans le domaine des énergies renouvelables font défaut. On enregistre au stade actuel seulement deux formations universitaires dans le domaine des énergies renouvelables. Cela est nettement en dessous des besoins du pays en capital humain dans ce domaine. Les métiers des énergies renouvelables et de l'efficacité énergétique vont représenter une grande part des métiers de l'environnement au Cameroun. Il s'agit notamment de l'agent de développement des énergies renouvelables, de l'auditeur énergétique, du chef de projet « énergies renouvelables », du conseiller en maîtrise de l'énergie, de l'électrotechnicien en énergies renouvelables, de l'ingénieur commercial en énergies renouvelables, de l'ingénieur en génie climatique, de l'ingénieur thermicien, du technicien thermicien-concepteur, du technicien en énergies renouvelables, du technicien énergétique, de l'agent de distillation et de fermentation, de l'assistant-manager en commerce et en économie dans le biocarburant, du cadre technique de production de biocarburant, du technicien de maintenance électrique en usine de biocarburant, du mécanicien de maintenance en usine de biocarburant, de l'opérateur console en production de biocarburant, du pilote d'installation énergétique, du technicien chimiste biocarburant, de l'exploitant agricole en biométhanisation, de l'ingénieur en méthanisation, du responsable de centre de stockage biogaz, du technicien biométhanisation, du technicien de captage biogaz, du chef de projet biomasse, de l'écocertificateur filière bois, de l'installateur de chaudières à bois, du responsable du service bois – énergies renouvelables, du chef de chantier éolien, du chef de projet éolien, de l'ingénieur projet spécialisé en construction de fondations d'éoliennes, de l'électrotechnicien spécialiste des générateurs, du responsable d'exploitation de parc éolien, de l'ingénieur en construction d'éolienne, de l'ingénieur système électrique pour éolienne offshore flottante, du météorologue du vent, du technicien opération de maintenance de parc éolien, du chef de produit « pompes à chaleur », de l'ingénieur géothermicien, de l'installateur thermique et climatique, de l'équipementier en hydraulique, de l'ingénieur hydroélectrique, de l'ingénieur hydro-mécanicien, du responsable de l'hydroélectrique, du technicien de maintenance en hydroélectricité, du conseiller technique de système solaire thermique, de l'électricien de maintenance des systèmes solaires photovoltaïques, de l'ingénieur en énergie solaire, du monteur d'installations solaires, du nettoyeur d'installations solaires photovoltaïques, etc.

Tous ces potentiels métiers au stade actuel au Cameroun ne trouvent pas de preneurs. Si des milliers d'emplois verts sont susceptibles de se créer, il faut surtout que dès maintenant, il puisse exister des formations conduisant à ces profils professionnels au Cameroun. Aucune planification des métiers d'avenir dans le domaine des énergies renouvelables formulée par le Gouvernement n'existe. Ainsi, il est urgent que dès maintenant, le Gouvernement prenne des mesures pour préparer les jeunes Camerounais en qualité et en quantité suffisante dans les métiers d'énergies renouvelables.

Solution six : obliger toutes les villes camerounaises à faire une transition vers l'urbanisme durable

Si plus que jamais, les questions énergétiques sont au cœur des débats planétaires, elles ne peuvent non plus ne pas bousculer la gouvernance du Cameroun. Depuis plusieurs décennies, le Cameroun fait face aux problèmes énergétiques aussi bien en milieu urbain que rural. Face à sa population qui croît de manière exponentielle, à l'urbanisation anarchique qui caractérise le tissu urbain de ses villes, il y a nécessité d'agir pour réduire ses problèmes énergétiques.

L'énergie est une question centrale et transversale pour toutes les villes. L'urbanisme des villes camerounaises a été pensé au départ sans y intégrer le respect de l'environnement et encore moins sans prendre en compte les questions énergétiques. Il s'est développé pendant plusieurs décennies, une urbanisation non économe en ressources.

L'étalement urbain encouragé par l'utilisation massive de la voiture individuelle et la forte consommation du foncier qu'il génère, compromettent l'aménagement durable des territoires. Les espaces urbains des villes camerounaises n'ont jamais été appréhendés comme un lieu majeur de l'action publique en faveur de pratiques et de modes de vie plus sobres et plus efficaces en matière de consommation d'énergie. L'art de la planification urbaine en tant que tel n'a vraiment pas été jusqu'ici appliqué convenablement dans les villes camerounaises. On ne connaît pas dans les villes camerounaises, l'utilisation des pratiques d'urbanisme économes en énergie encore moins favorables à l'utilisation des énergies renouvelables. On ne sait pas dans les villes camerounaises faire face aux vulnérabilités énergétiques et climatiques.

Plusieurs innovations sont alors attendues dans les villes camerounaises. Ces dernières sont à la croisée entre énergies renouvelables et urbanisme durable. Elles nécessitent des solutions à leurs problèmes énergétiques qui respectent l'environnement. Les pratiques urbaines des villes camerounaises sont alors à repenser. Pour un souci de responsabilité environnementale, les villes camerounaises ont besoin d'être en synergie avec l'utilisation raisonnable des énergies renouvelables. Leur aménagement territorial exige de stopper l'étalement urbain, en les densifiant. Il s'agit alors d'apprendre à bien vivre sur de petits espaces vidés de toute pollution. Penser l'énergie autrement c'est donc aussi penser autrement les villes. C'est construire des villes bien pensées, où il fait bon vivre ensemble, des villes sans précarité énergétique. De telles villes exigent nécessairement une approche intégratrice de l'énergie dans les documents d'urbanisme. Ce sont des villes où les enjeux de production, de distribution et de consommation énergétiques reposent sur les énergies renouvelables et le développement de l'architecture bioclimatique. Ceci nécessite de réhabiliter l'utilisation de matériaux locaux (terre, terre cuite avec un peu de ciment) pour la construction ; favoriser la conception de bâtiments consommant très peu d'énergie tout en maintenant une température acceptable. Nous sommes là en présence des villes qui font des énergies renouvelables une opportunité exceptionnelle pour développer des activités économiques non délocalisables, génératrices d'emplois, créatrices d'innovations.

En outre, l'élaboration de la stratégie nationale de transition climatique et énergétique tout comme les plans climat des CTD qui en découlent ont leur pertinence si elles prennent en compte de manière cohérente et complémentaire, tous les documents d'urbanisme. Une étroite coopération entre acteurs aux différents niveaux de gouvernance est alors nécessaire.

Ainsi, sur le plan opérationnel, l'urbanisme durable permet aux villes camerounaises d'opter pour des stratégies visant à faire évoluer les formes urbaines en encourageant la construction des bâtiments qui répondent à de nouvelles normes énergétiques et environnementales exigeantes. Un accent est à mettre dans les caractéristiques techniques des matériaux à utiliser dans les constructions. L'amélioration des performances énergétiques du parc de logements existant dans les villes camerounaises tout comme des logements à construire est une priorité. La conception bioclimatique et la compacité des bâtiments dans les nouvelles constructions dans les villes camerounaises devraient être encouragées.

Solution sept : revoir le système de gouvernance énergétique

Au sortir de son indépendance, le Cameroun a hérité d'un modèle énergétique administré et centralisé aussi bien dans son organisation générale que dans son réseau de production, de stockage, de transport et de distribution. Ce choix n'a pas été un succès, car il n'a pas permis de produire suffisamment d'électricité dont ont besoin les entreprises et les ménages camerounais. La précarité énergétique est réelle dans toutes les villes. On note une absence d'engagement de la part de l'État, des collectivités territoriales décentralisées, de l'entreprise parapublique ENEO dans la proposition des initiatives permettant de redonner aux populations des moyens de maîtriser leur facture d'énergie, d'être acteurs à part entière de leur consommation et de faire ainsi régresser les situations de précarité énergétique. Le système énergétique camerounais qui s'arrête aux portes des maisons et aux compteurs, n'a pas d'humanité. Des dispositifs permettant de subvenir aux besoins énergétiques des populations extrêmement pauvres n'existent pas. Il n'a pas été possible de développer au Cameroun un système énergétique performant répondant à suffisance à la demande d'énergie des consommateurs. Le modèle énergétique camerounais est entré dans une profonde crise.

Il est temps de penser à un nouveau modèle énergétique décentralisé, plus sobre et plus respectueux de l'environnement. Ce modèle qui n'existe pas encore est à inventer pour sortir du système de production centralisé et consumériste actuel. Il faut alors que la réglementation camerounaise ouvre le marché de l'énergie à la concurrence. Il faut faire émerger un nouveau modèle énergétique participatif, intégré et durable. Ceci exige aussi une nouvelle gouvernance cohérente et proactive. Une nouvelle gouvernance opérationnelle doit bien sûr s'instaurer entre les acteurs qui veulent faire émerger ce modèle énergétique, mais une nouvelle gouvernance du marché doit aussi être édictée par le législateur national. En effet, un nouveau modèle énergétique ne se décrète pas : il se crée et se construit dans la cohésion sociale et exige un contexte réglementaire particulier. Le modèle alternatif à mettre en place doit focaliser plus son attention sur la promotion des énergies renouvelables. À partir du moment où l'énergie est un secteur clé tant au niveau du bien-être collectif qu'au niveau de la stratégie économique, il faut favoriser le développement de sources de production renouvelables. Le fait que l'énergie soit un secteur clé devrait encourager le Gouvernement camerounais à partir d'une démarche innovante et collaborative, à favoriser son essor, son développement et sa pérennité. C'est aussi cela qui permettra l'arrivée de nouveaux acteurs à qui on laisserait la place d'intervenir, par le jeu d'une concurrence réelle et loyale plutôt que d'une concurrence de façade.

Il faut absolument sortir du modèle énergétique actuel qui reste encore hermétique et ne permet pas l'émergence d'un nouveau modèle plus compétitif. Pour ce faire, le Gouvernement ne peut qu'être inventif et proactif, en élaborant une réglementation moderne et ouverte à la concurrence où l'énergie n'est plus un secteur traditionnellement réservé aux mastodontes, mais aussi aux start-up et toutes formes d'entreprises qui font vraiment bouger les lignes et prouvent au législateur que la taille n'est plus aujourd'hui un facteur clé de succès dans ce secteur.

Il est aussi important aujourd'hui d'impliquer les institutions internationales dans le financement des investissements de production, de transport, de distribution et d'accès à l'énergie en zones rurales non raccordées. Tout ceci passe par un cadre de planification des investissements pour assurer l'articulation indispensable entre les engagements publics et la mobilisation des financements privés. Il faudra aussi être capable de mieux coordonner les différentes sources d'aide publique au développement, de renforcer le recours aux partenariats publics-privés.

Solution huit : Prioriser le solaire photovoltaïque comme la forme d'énergie à utiliser dans les projets de logements

Le solaire photovoltaïque est la forme la plus répandue d'énergie renouvelable dans les communautés africaines. Malheureusement, les ménages pauvres n'ont pas encore tiré autant de bénéfices des systèmes photovoltaïques. Pourtant, les villes camerounaises bénéficient d'un ensoleillement important. Le solaire photovoltaïque dont les coûts sont en baisse constante est utilisable notamment pour l'électrification urbaine et rurale décentralisée. Certaines villes camerounaises peuvent même envisager le photovoltaïque sous trois formes : centrales électriques solaires de plusieurs mégawatts raccordées au réseau ; centrales plus petites jusqu'à 100 kW alimentant un mini-réseau ; des kits solaires, de petites installations solaires munies d'une batterie à usage domestique, d'ampoules et de prises pour des systèmes hors réseaux.

Il serait surtout important que le Gouvernement dans son engagement pour la transition énergétique mette en place des projets de construction de logements sociaux tournés vers la technologie du photovoltaïque dans toutes les communes camerounaises. Ainsi, le photovoltaïque renforce la qualité des logements sociaux. Le Gouvernement peut alors très bien œuvrer au quotidien pour proposer des solutions d'hébergement intégrant l'énergie solaire aux ménages les plus modestes.

Un partenariat entre le Gouvernement et les collectivités territoriales est alors nécessaire. Ce partenariat peut conduire à mettre en place dans les régions camerounaises, des établissements publics de coopération intercommunale sur les logements sociaux. Dans un contexte camerounais où les finances publiques font extrêmement défaut, la planification, la conception, la construction et la gestion d'un parc immobilier de logements sociaux représentent certes un investissement crucial dans la lutte contre la pauvreté et notamment la précarité énergétique. Cela constitue aussi une importante charge pour les régions et communes appelées à collaborer, mais également un actif stratégique pour les structures parapubliques.

Les logements sociaux à construire dans les villes camerounaises gagneraient à avoir de l'énergie photovoltaïque, car ce sont des logements neufs qui méritent de s'inscrire dans une politique publique en faveur des énergies renouvelables. En outre, il serait important que toutes les communes camerounaises puissent aussi disposer de programmes de réhabilitation des logements anciens, notamment ceux appartenant à l'État. La réhabilitation peut aussi concerner simplement le remplacement d'éléments de toiture par des panneaux solaires dans des logements anciens publics ou privés. Les communes sont appelées à s'engager pleinement dans la transition énergétique. L'État, par des dispositifs spéciaux, gagne à inciter les élus locaux à s'engager dans le processus de transition énergétique. Pour convaincre les élus locaux, il faut que les lois sur la décentralisation en ce qui concerne le transfert des compétences, orientent les financements publics vers les communes qui prendraient l'initiative d'augmenter la production d'énergies renouvelables.

L'État pourrait alors mettre en place un programme d'investissement d'avenir sur les logements sociaux et les énergies renouvelables. Ce programme peut aussi être mis en relation avec un programme sur les villes durables. L'État peut aussi aider les ménages de classe moyenne à rénover ou améliorer leurs logements, à travers une prime à l'autoconsommation photovoltaïque.

Solution neuf : encourager l'installation des entreprises de fabrication des panneaux solaires photovoltaïques au Cameroun

Le solaire photovoltaïque est la forme la plus répandue d'énergie. Le Cameroun dispose d'un potentiel énergétique solaire considérable. L'utilisation et l'exploitation de cette forme d'énergie dans un pays en croissance comme le Cameroun exigent dans son économie l'installation des entreprises de production des panneaux solaires. Pour encourager sa transition vers les énergies renouvelables, il est important que le Cameroun puisse disposer des entreprises locales de production des panneaux solaires. Il est bien de souligner ici qu'excepté l'Afrique du Sud qui est dotée d'une usine de production de panneaux solaires, les autres pays africains n'en possèdent pas. Des choix politiques doivent être faits au niveau national ou régional pour amorcer la production sur place de panneaux solaires photovoltaïques. Cela permettra alors de booster la consommation du solaire photovoltaïque.

Solution dix : Prioriser l'utilisation de l'électricité solaire photovoltaïque dans tous les marchés publics étatiques et des collectivités territoriales décentralisées

Le territoire camerounais en matière énergétique se caractérise par des fils électriques nus qui passent de part et d'autre sur des poteaux en miettes, des transformateurs vétustes. Le pseudo-réseau électrique existant est dans un état piteux, faute de planification stratégique conséquente, d'investissements suffisants, particulièrement en zone rurale. Le mauvais entretien du réseau le rend de plus en plus vulnérable aux aléas climatiques. Ainsi, il est fréquent après les pluies, de voir des poteaux électriques qui sont tombés, des fils électriques qui longent de part et d'autre la chaussée. Les insuffisances d'un réseau électrique vétuste plongent sans cesse le Cameroun dans une crise énergétique de grande ampleur. Les délestages intempestifs d'électricité sont quotidiens et compromettent désormais la croissance économique du pays. Une situation intenable qui exige de changer de gouvernance et d'opter plus que jamais pour les énergies renouvelables qui n'exigent pas d'investissements importants en matière de construction d'un réseau national d'alimentation en énergie électrique comme cela a été le cas avec les énergies fossiles. On n'a pas besoin avec les énergies renouvelables d'investir sur des millions de kilomètres des « routes électriques » en zone rurale et urbaine, indispensables pour faire exister un réseau électrique public.

Il faut alors encourager le développement de l'électricité solaire photovoltaïque au Cameroun. Pour cela, il faut une forte action publique qui rend possible ce choix. L'État du Cameroun dans cette dynamique est invité à prêter une attention particulière à l'inscription de l'énergie solaire dans les marchés publics. Il faut encourager la mise en place des dispositifs de promotion des énergies renouvelables dans les marchés publics.

Il faut un code de marché public, et pourquoi pas, une loi qui impose les énergies renouvelables dans tous les marchés publics. Une telle impulsion va conduire à la baisse des coûts de production induite par les énergies renouvelables. En adoptant de telles mesures, le Gouvernement du Cameroun va s'inscrire dans la protection du climat et de l'environnement. Il va aussi accroître de façon significative la contribution des énergies renouvelables à l'approvisionnement en électricité du Cameroun. L'obligation d'utiliser de l'électricité d'origine renouvelable dans les marchés publics comme une réponse à une problématique simultanément énergétique et climatique dont elle noue ensemble les enjeux constitue une opportunité exceptionnelle pour l'État du Cameroun. Elle constitue une prise de position explicite en faveur des questions climatiques et environnementales. Ce choix rend les sources d'énergies renouvelables compétitives à moyen ou long terme. Ce choix rend l'électricité renouvelable plus compétitive par rapport à l'électricité conventionnelle.

Conclusion

En raison de sa vulnérabilité face aux changements climatiques, le Cameroun est surtout confronté au défi énergétique pour son économie et face à son impressionnante croissance démographique. Si des efforts d'adaptation sont déjà nécessaires – et s'ils sont effectivement fournis – , il est également indispensable pour ce pays de trouver une solution durable à ses problèmes énergétiques. Concrètement, il sera difficile pour le Cameroun de réaliser son programme d'émergence à l'horizon 2035 et d'atteindre ses ODD en 2030 sans avoir résolu dès maintenant et pour toujours ses problèmes énergétiques. Les énergies renouvelables constituent une très bonne option pour le Cameroun à condition que les pouvoirs publics en fassent un choix stratégique clairement exprimé de leur politique publique d'énergie. Cela n'est pas encore le cas pour l'instant. L'absence de choix clairement exprimé en matière énergétique constitue une limite sérieuse.

Les solutions ici proposées placent la transition vers les énergies renouvelables au centre de la stratégie climatique de l'État du Cameroun.

À cet égard, seul le Gouvernement camerounais peut décider d'une transition rapide vers les énergies renouvelables qui soit aussi source d'emplois et de croissance inclusive. Comme il a été dit, il faudra combler les déficits actuels de compétences dans le domaine des énergies renouvelables. À cet effet, un vaste programme de formation professionnelle pour libérer tout le potentiel des emplois en énergies renouvelables dont le Cameroun a besoin pour sa transition énergétique est nécessaire. Tout ceci exige que les pouvoirs publics camerounais comprennent l'importance et l'urgence d'élaborer une politique publique qui favorise une transition vers les énergies renouvelables.

Références bibliographiques

Afuzi, (2015), *Guide des bonnes pratiques énergétiques : les économies d'énergie*, j'y participe, Pôle d'activité, Toulon-Est, 37 p.

Bayon D., Flipo F., Schneider F., (2012), *La décroissance : 10 questions pour comprendre et en débattre*, Postface inédite de Denis Bayon, Nouvelle éd. Paris, La Découverte, 248 p.

Bottin A., (2017), « Les ménages et la consommation d'énergie », Ministère de l'Environnement, de l'Énergie et de la Mer, 120 p.

CEMAC, (2013), *Politique régionale pour un accès universel aux services énergétiques modernes et le développement économique et social 2014 - 2030*, Livre blanc, S.L., 104 p.

Chevalier J.-M., Derdevet M., Geoffron P., (2012), *L'avenir énergétique : cartes sur table*, Paris, Gallimard, 210 p.

Chevalier J.-M., Cruciani M., Geoffron P., (2013), *Transition énergétique : les vrais choix*, Paris, O. Jacob, 192 p.

Conseil mondial de l'Énergie, (2013), *Les politiques d'efficacité énergétique dans le monde – Ce qui marche et ce qui ne marche pas*, Paris, 24 p.

MINEPAT, (2009), *Document des stratégies pour la croissance et l'emploi*, 174 p.

Méténier B., (2015), « Demain, l'énergie : paroles de chercheurs ». Grenoble : PUG., 190 p. [En ligne] www.drihl.ile-defrance.developpementdurable.gouv.fr/IMG/pdf/thema_sur_les_menages_et_la_consommation-425572.pdf.

CONCLUSION GÉNÉRALE

Esoh ELAMÉ

DICEA, Université de Padoue/Italie, Directeur du LaME/ENSTP - Yaoundé Cameroun

L'émergence économique du Cameroun demande une importante consommation d'énergie. Son modèle de développement actuel est énergivore et carboné. De par sa situation géographique, le Cameroun dispose des opportunités naturelles pour avoir une économie construite ne serait-ce qu'en partie autour des énergies renouvelables. Un changement de ce genre n'est possible que si le gouvernement opte pour une transition énergétique.

Une telle option exige de repenser l'approche techno-centrée de gouvernance énergétique qui a caractérisé jusqu'ici l'intervention des ministères compétents en la matière et les agences de développement. Elle n'a pas porté des résultats significatifs, sinon la pauvreté énergétique ne serait pas une réalité aussi palpable et déconcertante au Cameroun. Il y a un besoin certain d'adopter une gouvernance énergétique plus socio-centrée, susceptible de mobiliser de plusieurs manières les acteurs non étatiques et étatiques. Cette mobilisation en s'appuyant sur un socle de connaissances sur la transition énergétique, est supposée générer une recherche appliquée endogène sur la question, actuellement absente.

1. Sortir du mal développement énergétique

Le Gouvernement camerounais a fait très peu jusqu'ici pour questionner ses choix techniques et politiques dans certains programmes et projets de développement dont il a été protagoniste. En effet, la plupart de ses projets de développement sont très énergivores et encouragent un mode de consommation excessive d'énergie. Depuis plus de trois décennies, on n'a pas vu émerger un débat national de fond, mobilisant des experts nationaux, des praticiens de l'énergie (architectes, ingénieurs, sociologues, économistes, responsables associatifs, etc.) et la société civile sur les options énergétiques les plus appropriées pour le développement durable du Cameroun.

Dans un contexte camerounais où la décentralisation est fortement exigée, on constate que l'absence de débat sur les questions énergétiques n'a pas non plus permis de mobiliser les collectivités territoriales décentralisées ainsi que d'autres acteurs non étatiques comme les communautés autochtones qui ont à leur tête les chefs traditionnels. La concertation inclusive en tant que moyen de repérage et de mobilisation de toutes les forces vives du territoire camerounais a manqué jusqu'ici dans l'élaboration des politiques énergétiques au Cameroun. Pour ce faire, il faut penser à instaurer une plateforme nationale de réflexion sur les questions énergétiques mobilisant plusieurs parties prenantes et notamment les collectivités territoriales décentralisées (communes et régions). Elle permettra de mieux cerner la question énergétique, notamment celle des énergies renouvelables en fonction des contextes climatiques du Cameroun.

Les choix politiques en matière d'énergie du Gouvernement camerounais sont à repenser. Il faut stopper avec des projets de développement énergivores et qui produisent une précarité énergétique. La transition vers les énergies renouvelables n'est plus une option, mais l'option qui exige une forte mobilisation de la société civile.

2. Pour une rénovation énergétique

Le Cameroun devrait s'engager à se développer tout en réduisant la consommation finale d'énergie des ménages, des entreprises, des services publics pour tendre vers la neutralité carbone à long terme. La rénovation énergétique qui vise à faire de l'énergie renouvelable une solution concrète au cœur des décisions politiques pour les actions à mener pour le moyen et long terme est à encourager. D'ores et déjà, il faut pour cela que les décideurs camerounais sur le plan national et local promeuvent les énergies renouvelables. Cela se fera à travers la floraison de petites et moyennes entreprises dans le domaine, le développement de projets immobiliers qui optent pour l'énergie solaire, la mise en filière, l'ouverture de marchés énergétiques. Tout ceci exige également une conception nouvelle du développement local fondée sur les énergies renouvelables les plus adaptées au territoire.

Si le Gouvernement camerounais ne change pas ses méthodes de gouvernance énergétique, on verra s'aggraver les inégalités énergétiques. Il ne s'agit probablement pas de changer du tout au tout, mais de glisser assez rapidement vers des modes relocalisés de production de l'énergie, plus en lien avec les territoires vécus, ce qui suppose dans le même temps de réfléchir à de nouveaux modèles d'aménagement du territoire. Il s'agit pour les pouvoirs publics de fixer une feuille de route cohérente en matière énergétique qui prend en compte les idées novatrices issues de la recherche nationale sur les énergies renouvelables.

3. Développement local et énergies renouvelables

La recherche de l'autonomie énergétique pour chaque ville camerounaise en contexte de décentralisation est un défi du XXIe siècle à relever. Aujourd'hui, l'absence d'autonomie énergétique dans les villes camerounaises se traduit par la persistance d'une crise structurelle. Cette dernière se manifeste par un chômage endémique avec des risques permanents des émeutes de la faim, le manque de logements. L'autonomie énergétique constitue le socle pour garantir le droit au développement local à chaque ville camerounaise. À cet effet, il importe, pour chacune d'entre-elle, de bien s'interroger sur comment favoriser un développement local centré sur les modes de consommation les plus sobres sur le plan énergétique. En d'autres termes, il s'agit de la promotion du développement local des énergies renouvelables. Les villes camerounaises sont des acteurs ressources importants pour promouvoir les énergies renouvelables citoyennes. Ces dernières sont une opportunité pour dessiner de nouvelles catégories d'actions publiques. Elles servent pour définir des perspectives nouvelles en vue de faire face à la crise climatique et encourager la mise en place une société décarbonée.

Sous l'impulsion du développement local, les villes camerounaises sont bien évidemment en première ligne de la transition énergétique. Il est donc temps d'instaurer une politique énergétique responsable au Cameroun qui s'appuie sur les énergies renouvelables. Cette dernière est aussi appelée à encourager une recherche appliquée endogène respectant les normes de qualité.

Dans cette optique, un débat citoyen mobilisant les citoyens camerounais sur les énergies renouvelables est à encourager. Il aura le mérite de susciter un engagement des acteurs politiques afin qu'ils s'investissent davantage sur la promotion des énergies renouvelables dans le développement local des villes camerounaises.

4. Énergies renouvelables et décentralisation énergétique

Le Cameroun devrait à cet effet inscrire la transition énergétique dans sa politique de développement local. Il faut que le processus de décentralisation en cours conduise à l'adoption d'un système énergétique plus sobre et décentralisée. Les collectivités territoriales décentralisées (CTD) camerounaises disposent de plusieurs leviers d'action pour agir efficacement en matière d'énergie. Le levier le plus important concerne les économies d'énergie et mobilise une forte sensibilisation des populations en faveur d'une citoyenneté responsable. Le deuxième levier est celui du développement d'énergies renouvelables. Ainsi les CTD peuvent avec l'aide de l'État disposer des minicentrales d'énergies solaires, des minicentrales hybrides solaires-éoliennes. Elles peuvent transformer les déchets en énergie. Elles ont une compétence en matière d'urbanisme et d'aménagement du territoire qui sert pour une bonne localisation des infrastructures énergétiques dans leur territoire.

Avec le processus de décentralisation en cours au Cameroun, les villes seront davantage en première ligne de la transition énergétique. La loi actuelle du 24 décembre 2019 portant code général des collectivités territoriales décentralisées n'aborde pas clairement la question de la décentralisation énergétique. Certes, l'article 158 permet aux communes sur le plan de l'aménagement du territoire de faire quelques opérations en matière énergétique, mais cela reste très restreint. La loi ne met aucunement les communes en première ligne de la transition énergétique. Il n'est pas exagéré de dire que cette loi a été une occasion manquée pour la décentralisation de la production d'énergies renouvelables, adaptée aux ressources locales. Elle aurait pu impulser une nouvelle dynamique permettant à des collectivités territoriales décentralisées camerounaises de devenir producteurs d'énergies renouvelables et acteurs de la transition énergétique. La question est aujourd'hui de savoir comment offrir de l'énergie bon marché et propre aux populations camerounaises. Encourager les communes camerounaises à s'orienter délibérément vers l'efficacité énergétique et les énergies renouvelables dès maintenant est bénéfique à tous.

Au-delà des changements climatiques, la pollution de l'air, les énergies renouvelables sont devenues l'une des réponses incontournables pour lutter contre la pauvreté dans les villes camerounaises. Le développement des énergies renouvelables dans les villes va modifier les processus de décisions au niveau local et mobiliser beaucoup plus les acteurs en présence. Adaptées aux ressources de chaque ville ou commune (hydraulique, soleil, vent, bois, géothermie...), la promotion des énergies renouvelables va nécessiter forcement des unités de production plus petites que les centrales précédentes. Cette promotion va s'appuyer sur des entreprises plus locales, sur les agriculteurs, sur les citoyens. Ainsi, on comprend alors que les villes camerounaises sont tout simplement en attente d'installations opérationnelles d'énergies renouvelables. Leur présence dans les villes avec des preuves de résultats à l'appui va modifier la perception des populations sur le développement local, la décentralisation.

Avec un développement plus territorial des énergies renouvelables se traduisant par des projets concrets de minicentrales solaires, de promotion des logements à base d'énergie solaire, de promotion de la mobilité durable, les collectivités territoriales décentralisées camerounaises vont se réapproprier les enjeux énergétiques. Elles seront obligées d'apprendre à prendre des décisions bénéfiques désormais pour leur territoire. Elles vont oser à faire l'expérimentation, à démarrer à petite échelle des projets d'énergies renouvelables pour les généraliser ensuite plus facilement. On verra ainsi de plus en plus naitre des projets concrets qui pourront prendre des formes multiples.

Si l'actuelle loi relative à la décentralisation ne fait pas de la transition énergétique pour la croissance verte des CTD, une priorité, cela ne voudrait donc pas dire que rien ne peut se faire. Avec ingéniosité, clairvoyance, perspicacité, les CTD qui le souhaitent peuvent amorcer des changements et impulser de projets ambitieux pour une transition énergétique de leur territoire. Elles peuvent aussi encourager une recherche appliquée endogène pour le développement de sources d'énergie alternatives aux énergies fossiles dans leur territoire.

La vulgarisation des énergies renouvelables dans les communes des dix régions camerounaises est désormais une priorité.

En tant que chefs d'orchestre des politiques de planification urbaine et d'aménagement du territoire, les régions et communes camerounaises ont un rôle à jouer pour favoriser la promotion des énergies renouvelables dans les territoires. Les CTD sont des acteurs importants dans les projets d'énergies renouvelables. L'État gagnerait à faire émerger des projets d'énergies renouvelables dans les CTD en les mobilisant comme acteurs principaux de la transition énergétique. Les CTD à leur tour, pourront créer des valeurs et des emplois non délocalisables avec des projets d'énergies renouvelables dans leur territoire. Ces projets pourront générer, pourquoi pas, de revenus supplémentaires sur le long terme, si les CTD apprennent à mieux mobiliser les populations non pas comme de simples consommateurs, mais plutôt comme des citoyens responsables pleinement acteurs de la transition énergétique sur leur territoire.

Références bibliographiques

Bayon D., Flipo F., Schneider F., (2012), *La décroissance : 10 questions pour comprendre et en débattre*, Postface inédite de Denis Bayon, Nouvelle éd., Paris, La Découverte, 248 p.

Bottin A., (2017), « Les ménages et la consommation d'énergie », Ministère de l'Environnement, de l'Énergie et de la Mer, 120 p.

Chevalier J.-M., Derdevet M., Geoffron P., (2012), *L'avenir énergétique : cartes sur table*, Paris, Gallimard, 210 p.

Chevalier J.-M., Cruciani M., Geoffron P., (2013), *Transition énergétique : les vrais choix*, Paris, O. Jacob, 192 p.

Méténier B., (2015), « Demain, l'énergie : paroles de chercheurs ». Grenoble : PUG., 190 p. [En ligne] www.drihl.ile-defrance.developpementdurable.gouv.fr/IMG/pdf/thema_sur_les_menages_et_la_consommation-425572.pdf.

TABLE DES MATIÈRES

Structures éditoriales du groupe L'Harmattan

L'Harmattan Italie
Via degli Artisti, 15
10124 Torino
harmattan.italia@gmail.com

L'Harmattan Hongrie
Kossuth l. u. 14-16.
1053 Budapest
harmattan@harmattan.hu

L'Harmattan Sénégal
10 VDN en face Mermoz
BP 45034 Dakar-Fann
senharmattan@gmail.com

L'Harmattan Cameroun
TSINGA/FECAFOOT
BP 11486 Yaoundé
inkoukam@gmail.com

L'Harmattan Burkina Faso
Achille Somé – tengnule@hotmail.fr

L'Harmattan Guinée
Almamya, rue KA 028 OKB Agency
BP 3470 Conakry
harmattanguinee@yahoo.fr

L'Harmattan RDC
185, avenue Nyangwe
Commune de Lingwala – Kinshasa
matangilamusadila@yahoo.fr

L'Harmattan Congo
67, boulevard Denis-Sassou-N'Guesso
BP 2874 Brazzaville
harmattan.congo@yahoo.fr

L'Harmattan Mali
ACI 2000 - Immeuble Mgr Jean Marie Cisse
Bureau 10
BP 145 Bamako-Mali
mali@harmattan.fr

L'Harmattan Togo
Djidjole – Lomé
Maison Amela
face EPP BATOME
ddamela@aol.com

L'Harmattan Côte d'Ivoire
Résidence Karl – Cité des Arts
Abidjan-Cocody
03 BP 1588 Abidjan
espace_harmattan.ci@hotmail.fr

Nos librairies en France

Librairie internationale
16, rue des Écoles
75005 Paris
librairie.internationale@harmattan.fr
01 40 46 79 11
www.librairieharmattan.com

Librairie des savoirs
21, rue des Écoles
75005 Paris
librairie.sh@harmattan.fr
01 46 34 13 71
www.librairieharmattansh.com

Librairie Le Lucernaire
53, rue Notre-Dame-des-Champs
75006 Paris
librairie@lucernaire.fr
01 42 22 67 13

www.ingramcontent.com/pod-product-compliance
Lightning Source LLC
LaVergne TN
LVHW010923051026
849532LV00003B/815